国　际　水　资　源　译　丛

[斯洛伐克] Martina Zeleňáková
[斯洛伐克] Lenka Gaňová　著
[罗马尼亚] Daniel Constantin Diaconu

珠江水利委员会珠江水利科学研究院
水利部珠江河口治理与保护重点实验室
刘晋　译

中国水利水电出版社
www.waterpub.com.cn
·北京·

内 容 提 要

本书是国际水资源译丛之一。本书致力于洪水损害评估，重点是社会、经济和环境损害管理，其目的是提出洪水风险评估方法，并根据洪水风险管理的目标制定有效的防洪措施。

本书主要内容包括：洪水风险评估最新进展，包括洪水风险的基本概念、评估的方法程序、洪水风险管理体系和洪水损失评估；洪水风险评估的材料和方法，包括潜在洪水损失的计算、确定洪水风险水平和防洪措施成效评估；洪水风险评估方法在典型流域的实际应用。

本书适合洪水灾害领域的管理人员、科研人员参考，也适合高等院校相关专业的师生参考。

图书在版编目（CIP）数据

洪灾评估与管理 / （斯洛伐）玛蒂娜・泽勒娜科娃，（斯洛伐）伦卡・佳诺娃，（罗）丹尼尔・康斯坦丁・迪亚克努著 ; 刘晋译. -- 北京 : 中国水利水电出版社，2022.7

书名原文：Flood Damage Assessment and Management

ISBN 978-7-5226-0822-8

Ⅰ. ①洪… Ⅱ. ①玛… ②伦… ③丹… ④刘… Ⅲ. ①洪水－水灾－评估方法－研究 Ⅳ. ①P426.616

中国版本图书馆CIP数据核字(2022)第117292号

北京市版权局著作权登记号 图字：01－2022－3837号

书 名	国际水资源译丛 **洪灾评估与管理** HONGZAI PINGGU YU GUANLI
作 者	［斯洛伐克］Martina Zeleňáková ［斯洛伐克］Lenka Gaňová ［罗马尼亚］Daniel Constantin Diaconu 著 珠江水利委员会珠江水利科学研究院 水利部珠江河口治理与保护重点实验室 刘 晋 译
出版发行	中国水利水电出版社 （北京市海淀区玉渊潭南路1号D座 100038） 网址：www.waterpub.com.cn E-mail：sales@mwr.gov.cn 电话：(010) 68545888（营销中心）
经 售	北京科水图书销售有限公司 电话：(010) 68545874、63202643 全国各地新华书店和相关出版物销售网点
排 版	中国水利水电出版社微机排版中心
印 刷	清淞永业（天津）印刷有限公司
规 格	140mm×203mm 32开本 4.25印张 150千字
版 次	2022年7月第1版 2022年7月第1次印刷
印 数	0001—1000册
定 价	**38.00**元

译者的话

自古以来，洪水灾害都是威胁人类生命财产安全，影响经济社会发展的主要因素之一。随着时间的推移与社会的进步，人类越来越认识到开展洪水灾害防御对人类社会发展的重要性。兴建各类水工程是进行洪水灾害防御的有效途径，利用各类水工程，在汛前预留库容，在汛期拦蓄洪水、削弱洪峰流量，降低下游洪水灾害程度，可保障人类的生命财产安全。事实证明，防御洪水灾害是降低洪水风险、提高民生福祉的重要手段。

近年来，剧烈的人类活动导致极端气候事件频发，全球范围内洪涝灾害加剧，给人类的生命财产安全带来巨大威胁。此外，已有研究表明，在未来一段时间内，全球洪水风险仍将呈持续显著增加趋势。在此背景下，开展洪水灾害评估与管理，是有效降低洪水风险的必经之路。通过确立管理目标，进行风险识别、分析与评价，拟定管理方案，进行管理决策，制定管理计划等手段，将洪水灾害损失控制在最小程度，并分析发生不同程度洪水灾害的概率，采取相应对策，从而对受洪水威胁地区的社会经济活动进行全面管理。2002 年，欧洲中部发生洪水后，几个成员国向欧洲共同体理事会提议关注防洪措施问题；2004 年，理事会采纳了这个建议，并制定了欧洲共同体成员国共用、具有法律效力的洪水应对措施。2007 年，欧洲议会和理事会通过了关于洪水风险评估与管理的指令，并要求所有成员国在 2011 年 12 月完成初步的洪水风险评估，在 2013 年完成洪水灾害图与洪水风险图，并在 2015 年前制定洪水风险管理计划。这一举措凸显了洪水评估与管理工作的重要性，并为世界各国开展相关工作提供了借鉴。

译者认为该书有以下理念值得关注：一是洪水灾害是威胁人

类生命财产安全的严重灾害，应将洪水防御放在国家经济社会发展的重要位置；二是洪水灾害损失愈发严重，在已有水利工程的基础上，通过建立防洪程序，从管理层面提高防洪水平，降低洪水风险，是有效防御洪水的新举措；三是洪水灾害会对财产、环境和人身安全造成损害，应在洪水到来之前充分分析潜在的损失，评估洪水风险，从而制定有效的应对措施以尽可能降低损失。

为了使该书更容易为中国读者接受，翻译过程中按照中国书籍出版惯例和相应标准，在原文基础上进行了适当调整：一是将全文的语言进行了修改，使表述更加通顺；二是将原书名 *Flood Damage Assessment And Manage* 改译为《洪灾评估与管理》。

本书由国家重点研发计划“粤港澳大湾区衍生复合灾害评估与应急避险关键技术”（2021YFC3001000）、广东省水利科技创新项目“多因子协同影响下的珠江三角洲水系连通规划关键技术研究”（2017－09）资助。在该书的翻译出版工作中，贾文豪、刘夏、宋利祥、王森、张康等做了大量的审核工作，在此表示感谢！

由于译者水平有限，错误和不足之处在所难免，敬请读者斧正。

译者

2022年7月

前　言

有观点认为洪水会给人类文明活动带来不利影响，但是这一观点在地球发展史和人类发展史上都没有实际的专业理论支撑。几个世纪以来，人类对于生态系统、地表径流条件和植被覆盖、城市化下垫面变化带来的改变以及对自然景观、水文情势产生的影响已成为了不争的事实（Krejčí 等，2002；Hlavínek 等，2008)。与尼罗河上的洪水帮助保障古埃及人民生计等积极作用相反，在洪水开始威胁人们生命、健康、财产及社会经济活动时，人们便要面对洪水带来的灾害（Bačík 和 Ryšavá，2011）。

正如水文学界所说："洪水无法避免，人类需要学会与之共存，无论我们是否拥有充足的水，水都决定着我们的生存"。因此，洪水问题在过去、现在和将来都会是热门话题。

当前，有明显的趋势表明，未来一段时间地球上的洪水风险将增加。近期，洪水事件的严重程度和极端影响已经表明，有必要制定一个全面的设计方针，从而建设防洪设施，并在潜在的洪泛平原完善现有的防洪措施（Houghton 等，2001)。2002 年夏季，中欧发生洪水后，欧洲共同体的几个成员国提醒欧洲共同体理事会关注洪水预防和保护问题。2004 年 10 月，理事会采纳了他们的提议，安排所有成员国在欧盟委员会的协调下，制定一套欧洲洪水应对计划。经过有关立法程序后，该计划成为所有欧洲共同体成员国共同使用并具有约束力的法律文书（Bačík 等，2006)。2007 年 10 月 23 日，根据这一法律，欧洲议会和理事会通过了关于洪水风险评估和管理的指令 2007/60/EC。该指令的目的是为欧洲共同体的洪水风险评估和管理建立一个框架，以减少洪水对人类健康、环境、经济活动和文化遗产所造成的不利影响。为了实现这一目标，指令 2007/60/EC 要求所有成员国在

2011年12月完成初步的洪水风险评估，在2013年完成洪水灾害图和洪水风险图，在2015年前制定洪水风险管理计划。后续步骤必须每6年更新一次。

为了实现该指令的目标，人们越来越重视洪水风险评估和分析方法，因为这些方法能使我们评估洪水风险措施的成本和效益，从而优化投资（Ganoulis，2003；Hardmeyer和Spence，2007）。这种分析方法与每个区域的脆弱性分类、降雨径流过程、渠道内水流的数学模型和灾害评估密切相关（Cipovová，2010）。一般来说，世界上大多数确定潜在洪水损害的方法都是基于与损失曲线法相同的应用原理。它们的区别仅仅在于面临危险的财产的表达方式、细节和描述，以及损失曲线本身的形式（Horský，2008）。

在洪水管理中使用数学模型和地理信息系统（GIS）已成为评估和解释数据的常用方法。运用这些工具的主要目的是加快分析数据的处理效率，并绘制洪水灾害图和洪水风险图，同时能够使用容易理解、动态更新的数据源，以及让整片范围具有统一的结构。与其相似，多准则分析也是洪水管理决策过程中的常用工具。

本书探究了洪水风险评估与管理问题，旨在建立有效的程序来降低洪水风险，从而提高防洪水平。本书是根据防洪领域的现行立法编写的，特别是上述关于洪水风险评估和管理的指令2007/60/EC。本书的主要目的是扩展洪水风险评估和管理领域的科学知识，提出改进洪水风险管理方法的建议，以减少洪水对人类健康、环境和经济活动造成的不利影响。

本书所使用的方法是基于实际经验和现有文献，并通过咨询长期从事该问题应用实践的专家获得的。本书提出了一套系统的程序来选择有效的防洪措施，以达成洪水风险管理的目标。该程序依据计算人类生命损失以及环境和经济损害，选择最具成本效益的措施组合程序，从而减少洪水对人类健康、环境和经济活动的影响。这个程序可以作为制定洪水风险管理计划的基础。计算不同类别损害，需要特殊的方法和不同的输入条件，具体内容将在第2章中详述。

本书的主要信息来源和使用材料如下：

（1）博士论文：根据指令 2007/60/EC 的实施要求，对选定的河流进行洪水风险管理（Gaňová，2015）。

（2）博士论文：利用 GIS 评估潜在洪涝灾害的方法及其应用（Horský，2008）。

（3）博士论文：洪水风险评估中的生命损失评估，理论与实践（Jonkamn，2007）。

（4）博士论文：洪水中人类生命损失估算（Brázdová，2012）。

（5）博士论文：斯洛伐克东部选定水道条件的环境风险（Bendíková，2003）。

第 2 章中，计算了各种潜在洪水损害，目的是确定洪水造成的环境、社会和经济风险水平，这是在特定地点采取有效防洪措施的基础。

输入数据的处理、分析和所得结果的可视化在与 Microsoft Excel 电子表格集中的 GIS 环境中进行。

本书的重要性不仅在于提供洪水评估和管理领域的最新知识，还在于提供一种对洪水风险管理很重要的方法论，并满足指令 2007/60/EC 的要求。

本书所作的贡献是为选择有效防洪措施的程序提出了全面的建议，该程序可用于实现指令 2007/60/EC 的目标，减少洪水的可能性及其潜在的不利后果。

本书共分为 4 章。前言简要地描述了相关领域的研究现状，评估了本书主题的及时性，提出了研究的意图和目标，概述了问题的解决过程。第 1 章提出对洪水评估和管理领域知识的主要概述，重点讲述了可行的研究方法、有关该问题的法律和洪水损害的分类。第 2 章设计了一个选择有效防洪措施的程序。第 3 章介绍了选择有效防洪措施程序的应用案例。第 4 章对本书的内容进行了总结。

作者

2022 年 7 月

参考文献

Bačík M, Babiaková G, Halmo N, Lukáč M (2006) European legal documents on flood protection and their implementation in the Slovak Republic (in Slovak) [J]. Vodohospodársky spravodajca 9 - 10.

Bačík M, Ryšavá Z (2011) Floods, flood risk management and flood damage (in Slovak). In: Water 2011. Slovak Technical University in Bratislava.

Bendíková M (2003) Environmental risks in conditions of selected watersheds of eastern Slovakia (in Slovak) . Dissertation work, TUKE. p 91.

Brázdová M (2012) Estimation of loss of human life during flood (in Czech). Dissertation work, FAST VUT v Brně , Brno. p 166.

Ganoulis J (2003) Risk - based floodplain management: a case study from Greece. Int J River Basin Manag 1: 41 - 47.

Hardmeyer K, Spence, M A (2007) Bootstrap methods: another look at the Jackknife and geographic information systems to assess flooding problems in an urban watershed in Rhode Island. Environ Manag 39: 563 - 574.

Hlavínek P et al. (2008) Rainwater management in an urbanized area (in Czech) [M]. ARDEC s. r. o. , Brno. ISBN 80 - 86020 - 55 - X.

Horský M (2008) Methods of evaluation of potential flood damage and their application by means of GIS (in Czech) . Dissertation thesis. Prague. p 124.

Houghton J T et al. (2001) Climate Change: the scientific basis. Contribution of working group I to the third assessment report of the intergovernmental panel on climate change. WMO and UNEP.

Solín L' (2006) We need to learn to live with floods (in Slovak). Slovak Academy of Science.

声　明

作者对提出建设性意见的各位审稿人表示感谢，分别是布尔诺理工大学土木工程学院城市水管理研究所工商管理学的彼得·赫拉内维克（Petr Hlavínek）教授，他是布尔诺理工大学土木工程学院城市水管理研究所工商管理学教授，还有丹麦水利研究所从事洪水建模工作的权威专家马丁·米斯克（Martin Mišík），以及布尔诺理工大学土木工程学院水结构研究所米洛斯拉夫·莱金格尔（Miloslav Šlezingr）教授。

本书得到了斯洛伐克共和国教育部科学和教育资助局的 VEGA 1/0308/20 项目和 SKHU/1601/4.1/187 项目的支持。

作者们还要感谢施普林格自然出版社为本书提供了出版机会，感谢安德鲁·比林厄姆（Andrew Billingham）对全书的表述进行详细审核，感谢伊娃·辛戈夫斯卡（Eva Singovszka）对全书排版提供了帮助。

First published in English under the title
Flood Damage Assessment and Management
by Martina Zeleňáková, Lenka Gaňová and Daniel Constantin Diaconu, edition: 1

关于作者

玛蒂娜·泽勒娜科娃（Martina Zeleňáková）是斯洛伐克科希策工业大学土木工程学院环境工程研究所环境工程领域的副教授，长期从事于水资源管理、雨水管理、环境影响评估、流域环境风险评估等问题的研究。其科研成果已在国内外期刊、科学会议论文集、国内外会议论文集上公开发表。她是多部教材和教育专著的作家、编辑、合作作者和合作编辑，同时，她也是多个国内外项目首席研究员和主要参与人。

伦卡·佳诺娃（Lenka Gaňová）毕业于斯洛伐克科希策工业大学土木工程学院环境工程研究所，先后获得环境工程领域硕士和博士学位，主要研究方向为洪水风险评估。作为防洪项目的重要参与者，她的研究成果已在国内外会议的科学论文集上公开发表。

丹尼尔·康斯坦丁·迪亚克努（Daniel Constantin Diaconu）是罗马尼亚布加勒斯特大学气象与水文学系的助理教授，是水深测量和湖沼学方面的专家，长期从事于水文学研究，主要研究方向为防洪、环境科学和水资源综合管理。主要参与了布加勒斯特大学综合分析和区域管理研究中心的科研项目，相关成果已公开发表在多个期刊和会议论文集上。

目　　录

第1章　洪水风险评估最新进展

洪水是自然界水循环的极端表现形式之一，防洪是人类文明发展中一个漫长的过程。人类的防洪工作由来已久，贯穿社会发展的每一个阶段，其结果充满了不确定性。目前，洪水问题较过去引起了更多共鸣，这主要归功于大量的媒体报道，使更多的人认识到这个问题。

本书选择这个主题的主要原因是：洪水是现代生活中的一种现象，所带来的影响不容忽视。有证据表明，制定防洪措施是十分必要的，这是土地利用规划中最重要的组成部分之一，其中关乎财产甚至是生命损失。

本书的目的是解决洪水风险评估和管理问题，为减少洪水风险提出有效的管理方案，从而提升防洪能力。本书详细介绍了当前防洪领域的主要立法，特别是关于洪水风险评估和管理的指令2007/60/EC，该指令被转化为防洪法令科尔7/2010写入斯洛伐克共和国（以下简称斯洛伐克）法规并实施。

1.1　洪水风险评估

在解决洪水问题时，术语“风险”的定义至关重要。值得注意的是，风险问题已经在危机管理学、经济学、环境学、地理学和社会学等诸多学科中演变和形成，各个学科对风险的理解和定义都有所不同（Gozora，2000）。

尽管现在“风险”是一个常见的概念，但由于它具有复杂性和模糊性（Mika，2009），导致许多作者混淆了诸如“风险来源”“风险因素”和“风险原因”等术语，这也反映了大量现有定义和现有文献中存在大量含糊晦涩的说明（Tichý，1994；

Rozsypal，2003；Šimák 2001；Tichy，2006；Smejkal，2006；Drbal，2008；Zeleňakova，2009）。根据作者给出的定义，风险有其特殊性，且在不同部门之间有差异。

一般来说，风险（R）可以表示为某一事件的发生概率（P）和结果（C）的乘积（Bouma 等，2005；Kandilioti 和 Makropoulos，2012）：

$$R=PC \tag{1.1}$$

哈尔德（Hald，1984）指出，风险最古老的定义，也是目前对这个术语的理解的基础，来源于亚伯拉罕·德莫伊夫（Abraham de Moivre）在1711年的著作（*De Mensura Sortis*）中提出的风险在经济上的定义，即风险是指损失一定值的风险，其大小用概率和潜在损失的乘积表示。

洪水风险研究是多学科的，是水文学家、社会学家、经济学家、环境学家和地理学家都感兴趣的领域。各个学科都从自己的角度来进行洪水风险评估，使得其在洪水风险的自然表达、术语、评估和管理的方法程序方面都具有一定的多样性（Solín，2011）。

类似于洪水等不希望发生的事件，可能与特定的风险相关损失有关。根据风险对象与灾害事件的关系，可以将洪水风险划分如下（Kandráč，2011）：

- 个人风险；
- 社会风险；
- 环境风险；
- 经济风险；
- 其他风险。

各种类型的洪水风险都有其特征来源和特征因子，具体分类见表1.1。

风险在以下情况下产生：

- 有一个风险因素或危险、威胁的来源；
- 存在一个已有的风险因素，该因素在一定程度上是危险的或有害的；

表 1.1 洪水风险的类型与对象

风险类型		风险对象	不希望发生的后果
社会/健康风险	个人	个人	疾病、受伤、残疾、死亡等
	社会	社会群体	群体疾病、受伤、死亡、死亡率上升等
环境风险	—	生态系统	对水、土壤、栖息地、受保护物种的破坏等
经济风险	—	物质资源	对建筑物的破坏、增加的安全成本、缺乏保护造成的破坏等

- 目标易受特定活动、风险/威胁因素的影响（Kandrác，2011）。

1.1.1 洪水风险的基本概念

目前，洪水风险主要有两种基本概念。

1.1.1.1 一维概念

第一种概念是一维概念（DEFRA，2000），此概念完全基于概率论的应用，并在水文学中得到了拓展。洪水风险一词有两种含义。第一种含义如式（1.2）（Solín 和 Martinčáková，2007；Solín 和 Skubinčan，2013）所示：

$$R=1-\left(1-\frac{1}{T}\right)^{n} \tag{1.2}$$

式中 R 为平均重现期为 T 的年最大流量在接下来 n 年内发生的概率（Solín 和 Martinčáková，2007；Solín 和 Skubinčan，2013）。

第二种含义如式（1.3）所示：

$$F(x)=P(Q\leqslant x) \tag{1.3}$$

洪水风险是指任意年份的流量不超过指定最大年流量值（x）的概率（F）；“重现期”表示，从长期来看，指定的最大年流量出现一次的平均间隔时间（年数）（Solín 和 Martinčáková，2007；Solín 和 Skubinčan，2013），具体如式（1.4）所示：

$$F=1-\frac{1}{T} \tag{1.4}$$

任意年份内指定的最大年流量发生的概率越大，重现期越短，洪水风险就越大（Solín 和 Martinčáková，2007；Solín 和 Skubinčan，2013）。

1.1.1.2 多维概念

多维概念是洪水风险的第二种概念，除了特定洪水的发生概率外，还考虑了洪水发生时产生的负面影响。因此，通常认为它是一个有关洪水风险的多维概念（Solín 和 Martinčáková，2007）。洪水多维风险由以下定义构成：

（1）洪水风险包含洪水发生的可能性和洪水对人类健康、环境、文化遗产和经济活动所产生的潜在不利影响（指令 2007/60/EC，第 7/2010 号法令）。

（2）洪水风险包括一个确定威胁发生的可能性、频率和其后果的量级（DEFRA，2000）。

（3）洪水风险反映了不利现象发生的概率，以及该现象对生命、健康、财产或环境造成的负面影响，如式（1.5）所示（Drbal 等，2008；Tichy，1994）：

$$RI_i \equiv (Sc_i, P_i, C_i), i=1,\cdots,n \tag{1.5}$$

式中 Sc_i——不利现象；

P_i——不利现象发生的概率；

C_i——产生的后果（损失、损害）。

尽管在描述和表达上有一定差异，但上述风险形式都有两个共同的组成部分：危害（概率）和脆弱性（损害）。

1.1.2 洪水风险评估的方法程序

前述文献调查表明，洪水风险是洪水灾害（概率）和易损性的产物。根据易损性（基于或者独立于危险的易损性）的表达方式，可以将确定洪水风险水平的方法分为以下两种（Solín，2011）：

（1）以绝对值表示的洪水风险。

（2）以相对值表示的洪水风险。

1.1.2.1 以绝对值表示的洪水风险

以绝对值表达洪水风险的方法，是用 ϕ 表示损失的预期值。该方法适用于评估依据洪水发生概率而定的易损性。

该方法结合了所有预期损失和发生的概率，即洪水风险由损害概率曲线下的面积来表示（见图 1.1），该面积代表年平均损失总量（Solín，2011）。

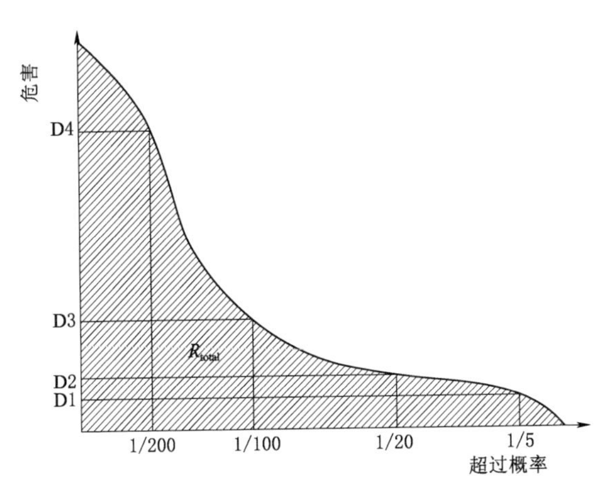

图 1.1 损害概率曲线（源于 Meyer 等 2009 年的研究成果）

离散尺度上，年总平均损害的期望值 $E[X]$ 可根据式（1.6）计算（Solín，2011）：

$$E[X]=\sum_{n=i}^{1}(p_i x_i) \tag{1.6}$$

式中 p_i——洪水事件发生的概率；

x_i——洪水事件造成的损失，如 ϕ。

1.1.2.2 以相对方式表示的洪水风险

以相对方式表示洪水风险的方法，是将无量纲的洪水风险值分为高、中、低三个等级。该方法适用于评估与洪水发生概率无关的脆弱性（Solín，2011）。

洪水风险评估方法明显受空间尺度（国家、区域或地方）的影响。输入数据的性质、处理方法和输出的准确性都取决于空间解析水平。2006年，马尔切夫斯基（Malczewski）在关于空间多准则决策分析的著作中，为洪水风险的相对表达提出了合适的方法（多准则决策分析，MCDA），其目标是根据洪水风险设置总体方案的备选顺序（空间单元）。空间多准则分析是一个相对较新的、发展较快的科学分支，特别是随着GIS系统的发展，空间多准则分析仍在不断完善（Solín，2011）。

1.1.3 洪水风险评估方法

洪水风险的分析、评估和管理都需要一个明确的定义。目前，已经有一些方式方法能够对风险进行定义、评估和管理，主要分为经济方法和过程方法（Langhammer，2010）。

1.1.3.1 经济方法

经济方法是从因果事件后果的角度来评估风险，风险的表达式如下：

$$R = FN \tag{1.7}$$

式中 R——风险；

F——因果事件发生的可能性；

N——风险造成的后果。

经济方法主要强调人类活动的极端过程和表现所造成的后果，而对风险本身的过程和进展考虑较少。风险的经济前景相对简单，是社会科学和自然科学中所使用的有关风险程度计量的多种方法的基础。

经济方法已用于编制欧洲的洪水风险图，并纳入欧洲洪水制图交流圈（EXIMAP，2007a）。该交流圈旨在收集欧洲所有可获得的信息和专业知识，并提高欧洲国家的洪水制图实践水平。

洪水风险是指特定面积（如公顷、平方公里）在给定时间段（一般为1年）内的潜在损失，表达式为

$$Risk = p_h C \tag{1.8}$$

式中 p_h——风险发生的可能性；

C——潜在的后果。

考虑到暴露度和易损性等因素，C通常用式（1.9）计算：

$$C=VS(m_h)E \tag{1.9}$$

式中 V——易损性，即处于危险中的要素的值，通常以金钱或人数来表示；

S——敏感性，即处于危险中的要素（如破坏深度，破坏时长），敏感性的范围为0～1；

E——暴露度，洪水发生时各要素发生危险的可能性，暴露度的范围为0～1。

1.1.3.2 过程方法

过程方法以描述影响过程起源和强度的因素为基础。洪水风险由威胁性、暴露度和易损性三个参数的乘积表示，表达式如式（1.10）（Langhammer，2010）：

$$R=HEV \tag{1.10}$$

式中 R——风险；

H——威胁性；

E——暴露度；

V——易损性。

该方法是卡玛卡（Karmakar）等在克朗（Kron）（2005）和巴雷多（Barredo）等（2007）的研究基础上提出来的，其将洪水风险表示为危害、易损性和暴露时间，表达式如下：

$$R=p_e V(E^{\text{Land}} \text{ 或 } E^{\text{Soil}}) \tag{1.11}$$

式中 R——洪水风险；

p_e——发生潜在损害的概率；

V——易损性，即人口对洪水破坏的敏感程度；

E^{Land}——以土地使用表示的暴露时间；

E^{Soil}——以土壤渗透性表示的暴露时间。

威胁性、脆弱性和暴露度是相互关联的，但它们的起源、特征和表达是不同的。三者的关系可以用三角形的三条边表示，其中，各个分量由边长表示，由此产生的风险水平是该三角形的面积（Havlík 和 Salaj，2008），具体描述见图1.2。

风险越大，威胁越大，暴露的时间越长，对象的易损性就越

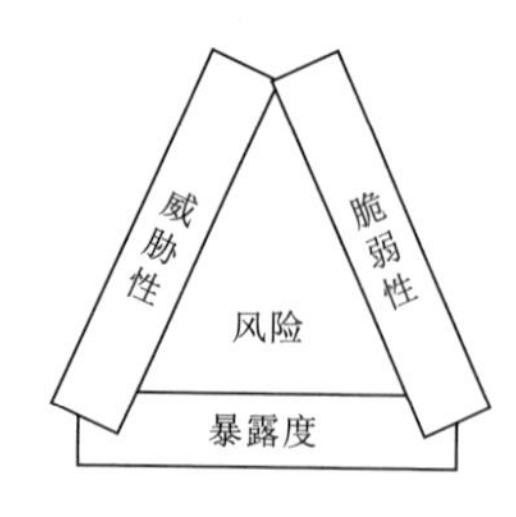

图 1.2　风险组成
（Havlík 和 Salaj，2008）

强（Camrová 和 Jilková，2006）。为了降低洪水风险，就要减少这个三角形中至少一条定义风险区域的边（Langhammer，2007）。然而，只有在获得重要信息后才能量化这些参数，因此有必要先定义这些单独的参数。

1.1.3.3　易损性

易损性一词在 20 世纪 70 年代首次被用作替代以概率为中心的自然灾害感知，在这种认识中，所有的破坏和负面影响都只与自然要素本身的属性有关，如范围、强度和持续时间等。它表明了一个区域的单个物体（包括建筑、生态系统和人）如何受到破坏，以及在某种程度上，这种破坏从长远来看会导致什么后果（Skubinčan，2012）。针对洪水风险评估的需要，易感性、抵抗力和恢复力的概念（Skubinčan，2012）逐渐成为易损性最重要的定义之一。

易感性是指损失或损害的倾向，即遭受损害的可能性，这主要由濒危物体的内部（物理）属性决定。易感性是易损性的被动组成部分，易感性增加导致易损性增加，易感性的参数变化就像建造房屋所需的楼层数或材料一样（Skubinčan，2012）。

抵抗力参数和恢复力参数是易损性的活性组件，都与社会经济特征有关。它们的增长减少了人类、社区、经济或环境系统的易损性。抵抗力参数是指对洪水的直接后果的抵抗能力，它说明了受洪水影响的系统（人类、环境和经济）能够承受多大的负面影响并保持其功能而不发生重大变化。恢复力参数是指洪水后恢复人类经济和环境系统的潜力，以及洪区重建潜力，同时，这也是系统适应洪水并在期间保持功能稳定的能力（Skubinčan ，2012）。

一般来说，易损性分为依赖于危害的易损性（发生概率）和独立于危害的易损性（Skubinčan，2012）。

在研究、评估易损性的过程中，无法直接衡量易损性，只能根据某些变量的值间接地表达。选择易损性指标的方法主要有两种：推论法，主要基于指标的主观选择，以及使用主要成分统计分析的归纳法（Skubinč an，2012）。

易损性可以定义为易受损害的程度。在自然危害系统中，决定自然威胁进程的因素是后果的性质和由此产生的损害程度（Langhammer，2010）。

索林（Solin，2011）的研究结果表明，易损性的研究正朝着两个方向发展：第一个方向侧重于分析个人、群体、家庭、社区或国家的易损性，也称为“社会易损性”，是代表社会经济结构和联系的易损性（Penning - Rowsell 等，2005）；第二个方向侧重于分析空间单位（格网、多边形、行政单位、区域和州）的易损性，也称为“地点易损性”，即自然环境的易损性（Damm 等，2010；Meyer 等，2007）。

1.1.3.4 威胁性

一般来说，威胁是指可能有害或破坏性的事件，也指自然现象或人类活动，这类事件可能导致生命损失、伤害、财产损害、社会或经济网络和活动中断以及环境退化（UN/ISDR，2004）。在实际生产生活中，通常认为“威胁”本质上等同于危险（Skubinčan，2012）。危险并不意味着损坏，洪水危害分析主要与三个问题的解决方式有关：估计最大年流量、确定最大年流量对应的水位以及定义潜在洪水区域（Skubinčan，2012）。

指令 2007/60/EC 第三章第 6 条中提到：“洪水灾害图提供了洪水期间对人类有害的洪水属性信息，具有低、中、高的重复概率。洪水灾害图是综合洪水规模、水深、水位、流速及适当的流速（如果适用）而绘制的”。其主要目标是确定可能被淹没（受威胁）的区域范围，这是进一步开展洪水风险分析的基础。

定义多维风险（第 1.1.1 节）时，术语“危险”一词是在洪水风险的可能定义相对应的语境中使用的。

然而，正如索林（Solín）和马丁卡科娃（Martinčáková，2007）

所说，危险一词也用于不包括概率量化的其他释义中。例如，史密斯（Smith，1996）指出，危险对人类及其福祉构成潜在威胁。朗哈默（Langhammer，2010）指出，威胁成分代表了一个自然的随机过程，该过程对自然或社会系统造成了威胁。洪水风险是导致洪水的因果过程，其中包括大气降水、融雪导致堤坝破裂等。一般而言，土壤透水性较差，城市化、技术和耕地比例较高的地区要比透水土壤和森林和草原比例高的地区更容易被洪水淹没（Solín 和 Martinčáková ，2007）。

1.1.3.5　暴露性

暴露成分代表潜在的损害，因为它涉及受自然过程威胁的任何地区的财产。暴露组成还包括时间，也就是景观和其中的物体暴露于洪水等不利现象的时间。在这种情况下，受到洪水威胁的对象可能是住宅和商业建筑、工业用地、基础设施和动产（Langhammer，2010；Dráb，2006）。20 世纪，在所有受自然过程威胁的发达国家中，其有形和无形资产的价值都在不断上升。价值的上升主要是由于每个国家的经济增长，由于各个国家的不同政治和经济发展以及特定地区的社会经济特性，由此产生的经济水平及其动态随时间和空间变化而显著变化（Langhammer，2010）。

1.2　洪泛区风险分析

风险评估和分析方法能够使我们评估缓解措施的成本效益，从而优化投资（Ganoulis，2003；Hardmeyer 和 Spencer，2007；Apel 等，2009），因而在防洪和洪水风险领域越来越受到人们的关注。

洪泛区风险分析（RA）的主要目的是评估洪泛区对保护措施的需求，该分析取决于风险对象与洪水的关系。图 1.3 显示了一般洪水风险模型。

风险分析方法和程序在世界各地都得到了很好的发展。此外，许多项目涉及洪水风险评估和洪水损害评估，以保护生活在泛滥平原上的人们及其财产。该主题在专著（Říha 等，2005）和若干书籍出版物中得到发展（Dráb，2006；Drbal 等，2005；Drbal 等，2008；Satrapa 等，2011 年；Dráb 和 Říha，2001）。

为了评估洪水风险程度、防洪及相应的防洪措施，目前使用了各种风险分析方法和工具，如下文所述。

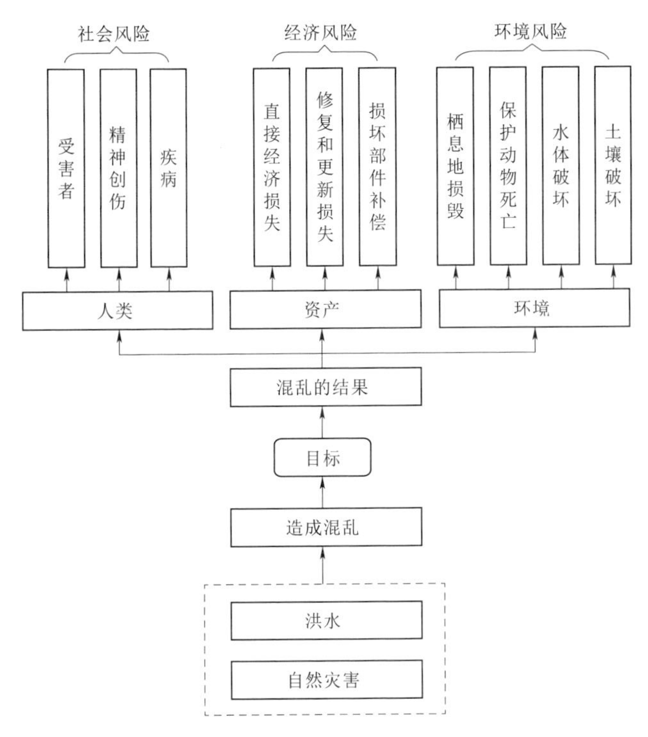

图 1.3 一般洪水风险模型（Kandráč，2011）

1.2.1 风险分析方法和途径

风险分析方法的发展与很多因素密切相关，其中包括评估地区脆弱性对其进行分类、使用数学模型分析降雨和径流过程以及河流和淹没中的流量，此外还有评估损害等（Cipovová，2010）。

从概念的角度看，风险分析包含定性、定量和半定量的研究方法。

1.2.1.1　洪水风险评价的定性方法

定性研究是为了明确可能出现威胁的事件次序，象征性地描述导致损失的潜在情况，且每个场景都需要分别进行评估和分析。根据该分析的结果，确定了危害的类型，同时确定了需要更多关注的系统要素。汇编核对表、设计系统元素图以及分析干扰和后果类型这几项都起着至关重要的作用（Drbal 等，2008）。

1.2.1.2　洪水风险评估的定量方法

使用定量方法首先需要确定整个系统衔接的概率，从而根据单个威胁场景发生的概率来表示该系统的可靠性，同时，确定洪水的量化影响（例如，以金融单位或伤亡人数确定）。由此产生的风险用概率和影响的函数表示。在部分风险的量化过程中，损失概率常作为单个潜在场景中的量化词。根据概率和后果来确定部分风险以量化损失涉及风险工程中最困难的工作。定量方法通常用来分析直接和间接损失、有形和无形损失、社会和经济以及对环境、景观和内陆地区的影响等（Drbal 等，2008）。

定量风险评估方法是一种以表达潜在损失为基础的方法。定量分析包括评估潜在的洪水威胁、地区的脆弱性以及直接和间接的经济和非经济影响（损害）。对于每个威胁场景，都要进行概率估计，最后再进行风险的定义和量化。

在确定洪水灾害的类型时，要尽可能考虑到所有重要项目，如直接损失（人员伤亡、建筑物和技术设备的损失，也包括对农业和环境的损失）和间接损失（包括直接损失的后果，如火灾、污染、土壤移动造成的损坏）。

在确定损失类型（包括个别地区的水灾损害）时，应尽量考虑所有基本项目（Dráb 和 Říha，2001）：

（1）确定直接损失的程度，特别是：

1）人员伤亡；

2）建筑物结构破坏；

3）技术设备损坏（机械和设备）；

4）对自然的破坏（或环境损害）。

（2）确定由直接损失（例如火灾、危险物质污染）造成的间接损失。

（3）建筑物损坏费用、人口疏散和处理费用以及替代运输费用都属于直接损失。直接损失的估值可以通过相关知识以及使用损害函数得到。

（4）计算间接损失（例如，失业、公司倒闭）非常具有挑战性，需要对该地区（包括人口迁移模式）有充分的了解。

计算潜在损失的方法具有一个显著优点，就是从中可以获得关于洪水大致过程的详细定性和每个因果事件发生可能性的定量信息，例如洪水发生、堤坝决口或洪水损害和成本。解决方案的结果能够确定系统中最危险的元素，或者分别确定对系统构成最大风险的元素。

一般来说，世界上使用的大多数确定潜在洪水损失的方法都是基于应用某种损失曲线法的相同原理。这些方法直接表达了经济损失的严重程度，其运用了以下数据：洪水的水力参数（深度、速度和持续时间）（Nascimento 等，2006；Meyer 和 Messner，2005）、财产损失与其规模有关的损害赔偿金额（Horský，2008；Satrapa，1999；Korytarova，2007）、最可能损害财产的损失百分比（Kok 等，2004）。

基于潜在损失所示的方法是在所有现有方法中要求最高的，但其能够评估洪泛区的损害，由此评估防洪措施的经济效益（Říha 等，2005）。

1.2.1.3 洪水风险评估的半定量方法

半定量方法是介于定性分析和定量分析之间的一种方法，其中定性分析不计算洪水风险的程度，而定量分析需要相对广泛和可靠的数据与特殊技术相结合。半定量评估结果是用数值或颜色标度表示的相对风险程度，风险不像定量方法那样以货币单位或人员伤亡表示，而是运用无量纲数，以表征洪水威胁或影响（Drbal 等，2008）。

常用的半定量评估方法有风险矩阵法、最大可接受风险法以及失效模式效应和临界分析（FMECA）法。

1. 风险矩阵法

风险矩阵法是初步评估潜在洪水风险最简单的方法之一。在这种方法中，超标准（洪水强度）概率的函数，其中，洪水强度代表洪水破坏的速度，即水深和流速的函数（Dráb，2006；Říha等，2008）。该方法包括以下两个基本步骤（Dráb，2006）：

（1）洪水危害量化——洪水强度计算。需要根据洪水的强度来定义和描述危害。洪水风险可以看作是水深和流速的函数（Dráb，2006）。根据调查洪泛区人口健康和财产潜在损害，计算出的洪水强度值可分为高、中、低三类。危险类别可凭借监测到的洪水强度而定，表示在一定强度下预计对人类、动物和建筑物的损害程度。

（2）通过风险矩阵确定洪水风险。确定洪水风险的过程与计算洪水强度的过程基本类似。

首先，将包含给定 n 年重现期流量的洪水强度信息输入风险矩阵（见图1.4），得到计算结果，使用色阶显示洪泛平原地区易受伤害区域的类别，如第一张风险图。据此，风险划分为1～4级，即低风险、中风险、高风险和极高风险（Dráb，2006）。

其次，评估与i-hazard情景相对应的子危害中各个 RI_i 的风险指数（RI）最大值。根据得到的 RI，确定危险类别为高、中、低还是极低（Dráb，2006）。

最后，结合灾害数据和有关暴露区域内物体的脆弱性信息，生成洪水风险图（Drbal等，2008；Cihlár等，2010）。

2. 最大可接受风险法

最大可接受风险法实际上并不是评估可接受的风险水平，而是评估洪水过程中可承受特征的大小，如水位、流速等。这种方法的优点是，不需要从风险评估领域获得更加详细的输入数据，适合于输入条件要求低，或技术和软件设备不复杂的评估对象（Cipovová，2010；Říha等，2005年）。

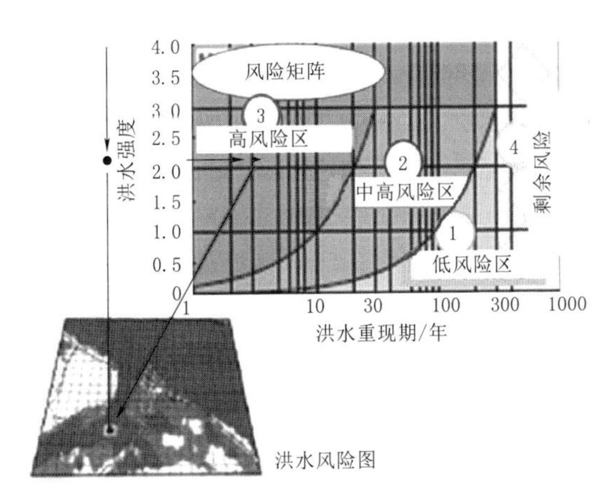

图 1.4 风险矩阵以及绘制风险地图的程序（Dráb，2006）

对地区进行分类之前，要先对其脆弱性进行评估。地区的脆弱性是指每一类地域的最大可接受风险值。表 1.2 为选定地域类别的最大可接受风险值的样本（Říha 等，2005；Kudrnová 等，2004）。

最后，将洪水与脆弱性地图的影响特征进行组合或重叠，生成洪水风险图。这种方法的优点是，对输入数据、设备和评估人员的资质要求都不高（Říha 等，2005；Kudrnová 等，2004）。

表 1.2　　最大可接受风险值实例

领土类别	最大可接受风险
城市化区域	一楼（水深为地形以上 2.5m），*N* 年洪水波返回期——1000 年
	地面（水深为地形以上 0.5m），*N* 年洪水波返回期——100 年
	地面（地形下水深 0.5m），*N* 年洪水回流期——10 年

1.2.2 风险分析工具

目前，数学模型和地理信息系统在洪水管理领域得到广泛使用，这使它们成为非常常见的数据评估和表达工具 。这些工具能够加快洪水风险分析的进程，最大限度地减少对现场资料、洪水灾害和风险图的需要。

1.2.2.1 数学建模和软件资源

数学建模是了解调查对象属性的有效方法。应用全动态数学模型能获得最全面的知识，一个数学模型便体现了一个真实的、概化的物理系统（Kutiš，2006；Hřebíček 等，2010）。选择方程组和数值解所用方法，二者结合会影响数学模型的性质和建模结果的预测准确率，特别是在空间模式化方面。根据空间示意图方法，模型可分为一维（1D）、准二维（1.5D）、二维（2D）和三维（3D）。

一维模型（1D）（见图1.5）是将实际的三维问题尽可能理想化为一维系统。如果这是边界值的问题（目的是识别未知量，例如系统在特定时间的温度），则结果就是普通微分方程。在水资源管理实践中，一维模型的最大应用是计算明渠和河道中的稳定流和不稳定流，这些地区的水流大多是一维的（河床或河流中的流量，附近淹没面积较小且形状规则）（Kutiš，2006；Valenta，2005）。

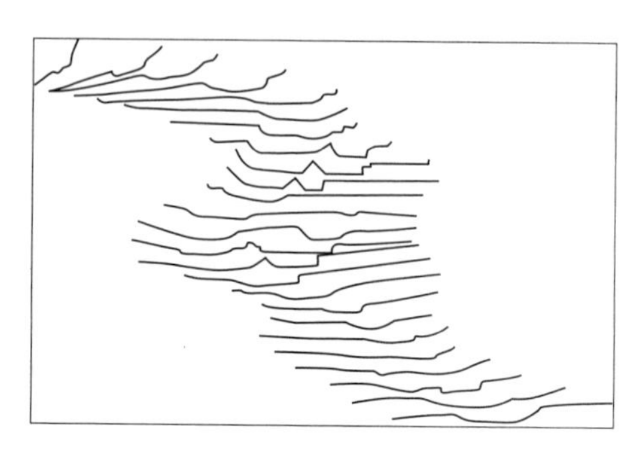

图1.5 一维模型使用的河道横截面和泛水方案（Valenta，2005）

与一维模型相比，二维模型（2D）（见图1.6）更加复杂，其结果是偏微分方程。通常，在复杂的空间条件下对水动力进行建模时，需要使用二维模型（相邻洪泛区区域的不规则形状或当水流中存在障碍物时，例如建筑区域）（Kutiš，2006；Valenta，2005）。

图 1.6 莫德拉镇二维洪水模型结果演示（左），瓦河二维模型工作输出演示——水深与流矢量（右）（Mišík，2011a，b）

三维模型（3D）（见图 1.7）是最全面、最复杂的，但它可能并不是最有效的，因为其结果也是偏微分方程。由于三维模型对硬件的要求非常高，因此基本不用来建立水动力模型（Kutiš，2006；Valenta，2005）。

图 1.7 布拉迪斯拉发洪水的三维表示（Mišík 等，2011b）

用数学建模解决洪水问题的经典方法是应用不同类型的一维模型，从而可以确定在洪峰流量时沿着轴线的水位纵剖面。目前，洪水情景下数学建模领域的发展主要集中在多维数值模型，特别是二维模型的开发和应用上。这主要是因为二维模型除了能够得到有关水位等基本信息外，还能得到其他更多的数据，例如，洪水的整体特征信息、其绕过障碍物的方式，以及模型区域整个范围内的水深、流向和速度的信息等，这些信息对于洪水分析以及后续的管理和决策具有重要的意义（Valenta，2005）。

数学模型和其他水文学工具所得出的分析结果在洪水风险管理的所有阶段都很有帮助，特别是在定义洪泛区和绘制洪水图方面。绘制洪水图需要对洪水波演进过程进行动态模拟，MIKE 11、MIKE 21 或 MIKE FLOOD 等仿真软件（根据研究区域的特征）可满足这些要求，然后以定义的时间步长绘制洪区状况，及其所需的水动力；以下软件可以动态展示洪水演进过程：MIKE GIS，MIKE View Flood Mapping，结果查看器或动画软件 MIKE Animator（Bačík 等，2005；Fencík 等，2011）。

1.2.2.2　地理信息系统

地理信息系统（GIS）可用于基础准备以及编译生成的洪水地图，因此是进行洪水风险分析的一个必要工具。

目前，关于地理信息系统（GIS）的定义尚不明确，因为有几种不同的定义方法（Drobne 和 Lisec 2009）。难以定义 GIS 主要是因为其活动中的主要兴趣焦点。大多数 GIS 的定义集中在两个方面：技术和/或解决问题。一般来说，环境系统研究所（ES-RI）在其 PC ARC/INFO 系统所附带的材料中所使用的定义是“GIS 是一套系统的的计算机硬件、软件和地理数据（一个打包的数据库），旨在有效地检索、保存、修改、管理、分析和展示所有形式的地理信息”。

尽管 GIS 的定义存在一定程度上的差异，但可以肯定的是，GIS 是处理地理信息的计算机系统。在 GIS 中，现实由定义了两种数据类型（ESRI）的对象表示：

- 与位置信息有关的地理（几何图形的，也称为定位）数据。

● 仅与现实世界范围内的位置有关的属性（统计的或非本地化的）数据。

GIS与其他处理地理（图形）信息的软件（例如CAD、CAM）之间的主要区别之一是GIS能够对空间进行分析和建模（Hofierka，2003）。

地理对象可以通过以下数据模型来表示（Tuček，1998）：

● 栅格模型：包含零值或非零值的常规分布点或空间元素（像素）。基本建筑单元为单元格。

● 矢量模型：其地理坐标定义的点、线和面表示地理对象，其中：点是数据矢量表示的基本元素，其位置只能通过相应平面/地图坐标系中的坐标 [x，y] 确定；线由成组的点构成；多边形是由闭合线定义的平面对象。

● 点模型：矢量模型的特殊类别。这些点是规则或不规则分布并由制图坐标表示。每个点都可以携带“n”属性。

● 属性：为几何数据信息提供描述性数据。属性数据通常存储在外部或内部数据库系统（DBMS）中。

根据信息传播的数据结构，地理信息可分为以下几种类型（Tuček，1998）：

● 图形：以图形形式保存信息，此类型的示例是各种光栅图像（例如，.tiff、.bmp和.jpeg）。

● 数据库：信息存储在结构化数据库中（例如，ESRI形状格式）。

● 文本：最简单的类型，以文本文件的形式存储信息。

● 电子表格：将信息存储于电子表格中（例如，MS Excel电子表格的.xls格式）。

GIS的用途十分广泛，如今GIS用于任何需要处理与地球表面有关信息的工作，因此它也成为洪水管理中不可替代的辅助工具。同时，GIS作为所谓的洪水风险分析工具，也为洪水管理提供了另一种形式的支持，特别是在决策过程中，被称为多标准决策或多标准分析。

1.2.2.3　多标准分析

多标准分析是一种定量评估方法，可以对几种变量的状态和比较进行整体评估（Meyer 等，2007）。通常来说，多标准分析过程存在多个成分（见图 1.8）。

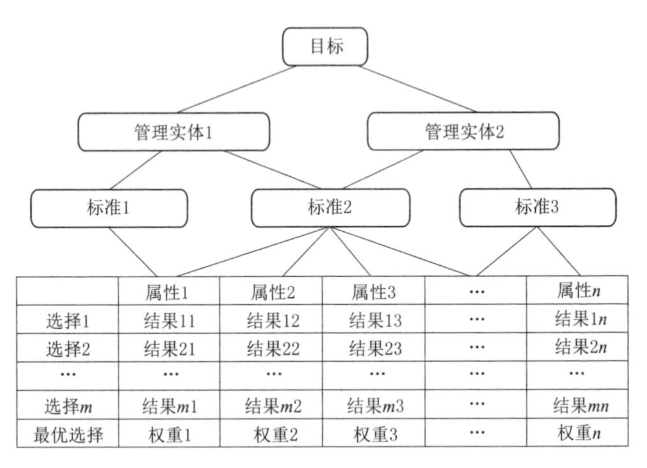

	属性1	属性2	属性3	…	属性n
选择1	结果11	结果12	结果13	…	结果1n
选择2	结果21	结果22	结果23	…	结果2n
…	…	…	…	…	…
选择m	结果m1	结果m2	结果m3	…	结果mn
最优选择	权重1	权重2	权重3	…	权重n

图 1.8　多标准分析和决策矩阵中存在的关系（Skubinčan，2010）

首先，使用该分析法需要有一个明确的目标以及适当的准备。每个解决方案的评估标准由评估者定义，其中涵盖部分目标以及属性所要求的目标。评估者通过为各个标准进行赋权来进一步指定优先选项。然后根据决策规则选择解决方案，决策规则可以理解为一种程序，将不同备选方案从最差到最佳进行排序。最终输出特定的解决方案，以供决策者参考（Skubinčan，2010）。

根据评估者使用信息的性质和方式，可以将多标准分析方法分为以下几类：公理化法、直接法、折衷法、相似性阈值法、人机对话法（Ocelníková，2004）。所以多标准分析的方法有很多，从最简单的决策矩阵法（DMM）或两两比较法（FDMM），到更复杂但更客观的层次分析法（AHP），但使用这种方法需要用到特定软件的计算技术。以上这些方法的共同特征是，它们都根据设定的不同标准来评估可能解决方案的多个变体。在第一个实例中，首先确定个体标准的权重（根据预期目的评估它们的重要性），然后评估者定量评估个体解决变量如何满足所选的标准（Máca 和 Leitner，2002）。各种方法在评估中量化的方式各不相同（Máca 和 Leitner，2006）

目前，多标准分析方法在许多洪水风险评估领域的研究工作中也证明了其有效性（Tran 等，2009；Yalcin 和 Akyurek，2004；Chadran 和 Joisy，2009；Tanayud 等，2004；Scheuer 等，2011；Kandilioti 和 Makropoulos，2012；Yahaya 等，2010）。其中，多标准分析经常应用于地理信息系统的环境中。

1.3 洪水风险管理体系

欧洲国家已经接受了各种提高国家防洪水平的计划，特别是在经历了一系列后果严重的洪水之后，这些计划通常是为了调节特定流域邻国之间的不同目标。因为受到洪水保护的紧迫性和各国之间合作水平等因素的影响，所以欧洲各国的优先事项各不相同。政府对洪水的重视程度受到已通过计划中概述的系统措施实施的影响，并且随着距上次大洪水的间隔时间而下降。

由于欧洲各地洪水的性质和风险水平不同，所以各国政府的管理方法也各不相同。在 2002 年夏季洪水发生之后，几个欧盟成员国向欧盟理事会提出注意防洪和保护。为了应对洪水，欧洲委员会于 2004 年 7 月发布了一份指令草案（COM，2004），提出洪水风险管理、预防、保护和缓解。草案中，委员会详细分析了当前情况，并指出，欧盟采取协调一致的防洪行动具有重要意义，有利于提高整体水平。

第一阶段，在委员会编制《欧洲洪水外部研究展望行动计划》之前，2005 年 6 月，欧盟于国际水务办公室进行了磋商，并向欧盟委员会提供了欧洲自由贸易区（EFTA）成员国和候选国的信息和背景材料。欧盟成员国的代表在 2005 年 1 月 21 日、4 月 11 日和 9 月 16 日的工作会议上，进一步开展了洪水风险管理文件的编制工作，充分维护水框架指令 2000/60/EC，并进一步扩大了其适用范围。根据这些会议结果，在 2005 年 7 月 20 日至 9 月 14 日期间通过公共互联网咨询，完成了筹备工作。随后，委员会确认并制定了立法标准的基本目标，并就主要内容达成共识（Bačík 等，2006）。

2007 年 10 月 23 日，欧洲议会和理事会根据提议通过了关于评估和管理洪水风险的第 2007/60/EC 号指令，根据第 17 条第 1.1 款，在 2009 年 11 月 26 日之前，欧盟成员国的所有指令相关法律、法规以及所需的措施都将生效。欧洲议会和理事会通过的洪水风险的评估和管理指令，与具有一般约束力的法规结合，阐述了一个全面的洪水风险管理规划体系（见图 1.9），即：

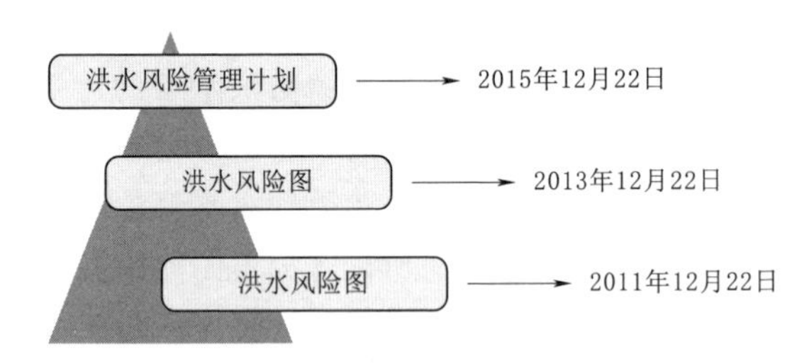

图 1.9　洪水风险管理目标（根据指令 2007/60/EC 排列）

（1）欧盟（EU）所有成员国应在 2011 年 12 月 22 日之前进行洪水风险的初步评估，从而确定潜在重大洪水风险的地区和预计会发生洪水的地区。初步评估结果应在 2017 年 12 月 22 日之前重新进行评估，必要时进行更新，此后每 6 年进行一次。

（2）对于已确定发生重大洪水风险的地区，应在 2013 年 12 月 22 日前准备好：①洪水灾害图；②洪水风险图。

如有必要，在 2019 年 12 月 22 日前，应审核和更新洪水灾害图和洪水风险图，之后每 6 年更新一次。

（3）对于存在潜在洪水风险的地区，成员国应根据其洪水风险初步评估结果，以及洪水灾害图和洪水风险图，制定相应的洪水风险管理目标，并于 2015 年 12 月 22 日前制定洪水风险管理计划。洪水风险管理计划应在 2021 年 12 月 22 日之前进行审查和更新，之后每 6 年进行一次。

指令 2007/60/EC 适用于内陆水域以及整个欧盟的所有沿海水域。所有估算、地图和制定的计划必须向公众公布。成员国还需要协调包括第三国在内的共有河流的洪水风险管理方案，并承诺不采取可能增加邻国洪水风险的措施。成员国必须考虑长期发展，包括气候变化以及土地可持续利用等因素（Alphen 等，2009；Bačík 等，2009）。

洪水风险评估和管理的第 2007/60/EC 号指令重要作用如下：

（1）可灵活转换和实施，对欧盟国家、国际和专属国家河流流域具有普遍约束力。

（2）指令实施包括确定防洪水平、必要措施及实施期限，具体细节由各个成员国负责。

（3）为整个自然集水区建立协调和规划系统提供必要的监管框架，由各成员国自行决定行政区内及跨国河流的保护水平、措施类型和实施日期等关键细节。

2007 年 8 月 23 日，欧洲议会和理事会关于评估和管理洪水风险的第 2007/60/EC 号指令被纳入斯洛伐克法律体系。该指令于 2009 年 12 月 2 日通过斯洛伐克国民议会，于 2010 年 12 月 1 日生效。2010 年 1 月 12 日指令作为第 7/2010 号文件在《法律汇编》中公布。

斯洛伐克防洪第 7/2010 号法律提出了以下内容：

● 规定了防洪措施、洪水风险评估和管理的义务，以减少洪水对人类健康、环境、文化遗产和经济活动的不利影响。

● 确定了防洪规划、组织、管理。

● 规定了国家行政机关、防洪机构、上级单位和市政当局的义务和权利。

● 规定了法律实体和企业家在防洪方面的义务和权利。

● 规定了违反本法规定的义务的责任。

斯洛伐克环境部（MoE SR）颁布了以下法令对第 7/2010 号法律加以补充：

- 环境部第 251/2010 号法令，规定了防洪工作、洪水救援工作和洪水破坏成本评估的细节。
- 环境部第 252/2010 号法令，列出了详细规则，其关乎洪水情况的临时报告和洪水各个过程及其措施的综合报告。
- 环境部第 261/2010 号法令，详细说明了防洪规划内容及其批准程序。
- 环境部第 204/2010 号法令，详细说明了开展防洪服务的细节。
- 环境部第 313/2010 号法令，列明了洪水风险评估、审查和更新的相关信息。
- 环境部第 419/2010 号法令，详细说明了编制洪水灾害图和洪水风险图，及编制、重新评估和更新费用的报销方法，并在地图上注明了洪泛区的范围。
- 环境部第 112/2011 号法令，列明了洪水风险管理计划的内容、重新评估和更新的细节。

斯洛伐克的洪水风险管理工作不仅是第 7/2010 号法令的主题，而且还依赖于一些其他法律，这些法律规范了州和地方政府及其既定管辖范围内当局的活动，明确了与防洪系统的复杂活动直接或间接相关人员的责任。

1.3.1　欧盟和斯洛伐克的洪水保护计划

在过去几年里，欧盟国家参考斯洛伐克防洪法，增加了防洪立法，制定了防洪规划，并在整个国家和个别流域的洪水灾害图绘制和洪水风险评估过程中实施了指令 2007/60/EC 的做法。

斯拉维（Szolgay，2010）的报告中介绍了欧盟和斯洛伐克的防洪规划。具体如下：

在德国，联邦共和国水资源工作组发布了一系列文件（《水资源法》1996，2000，2010）。保护莱茵河和多瑙河国际委员会为这些河流的流域制定了行动计划（IKSR，2005；ICPDR，

2004)。斯洛伐克的流域有具体的行动计划，包括景观和城市规划领域的措施（ICPDR，2009）。

世界野生动物基金会（World Wildlife Fund）和全球水资源伙伴关系（Global Water Partnership）等非政府组织，以及美国、世界气象组织（WMO）等国和国际组织已经各自制定了计划。这些资料几乎都包含类似的景观开发和保护建议和要求，而提出的解决方案也时常对其进行适当调整。其中包括国家振兴计划和斯洛伐克共和国综合流域管理，并在2010年10月得到斯洛伐克的政府批准。

1.3.2 洪水风险初步评估

如前文所述，指令2007/60/EC的第一个目标是洪水风险初步评估（PFRA），旨在获得现有或易得信息从而进行风险评估。

评估内容包括（指令2007/60/EC，指令7/2010）：

（1）比例适当的流域图，显示集水区、子流域和沿海地区边界以及地形和土地利用情况。

（2）描述过去发生并对人类健康、环境、文化遗产或经济活动产生重大危害的洪水，以及今后仍有可能发生的洪水灾害，包括其程度和趋势，评估其不利影响。

（3）描述过去发生的重大洪水，预测此类事件在未来可能引起的后果。

2010年6月22日第7/2010号法律第8条、第50条第2a款以及斯洛伐克环境部第313/2010号法令，详细阐述了洪水风险初步评估、重新估价和更新（《法律汇编》，第119/2010号，第2578页，2010年7月8日），共同规定了洪水风险初步评估应包含的内容。洪水风险初步评估是对被评估区域地理定义的一般说明，该过程能够用适当比例绘制流域和子流域图，说明各子流域的自然条件和地貌特征，识别河道及可能导致该地区洪水泛滥的重要沟渠，说明过去发生的重大洪水以及每个子流域的防洪基础设施。

斯洛伐克于2010年12月1日启动了建立洪水风险初步评估

框架、制定相应时间节点的工作，目的是确定斯洛伐克境内有潜在和可能发生重大洪水风险的地区。该项工作在斯洛伐克全境对多瑙河和维斯瓦河流域的所有10个子流域进行了洪水风险初步评估，斯洛伐克水管理公司班斯卡斯提亚尼卡（Banska Stiavnica）于2011年12月22日完成了初步洪水风险评估的准备工作。

已有资料包括1997—2010年期间斯洛伐克发生洪水的原因、路线和后果，这是洪水风险初步评估的主要依据。评估了斯洛伐克境内具有潜在重大洪水风险的2488个地理区域（直辖市和水道部分），评估期间至少发生了一次第三级洪水（MoE 2012a，b，c，d）。

指令2007/60/EC要求欧盟成员国协调确定具有潜在重大洪水风险的区域，并判断国际河流流域可能存在洪水风险的区域（MoE 2012a，b，c，d）。

1.3.3　洪水灾害图和洪水风险图

指令的第二个目标就是利用洪水灾害图和洪水风险图（见图1.10和图1.11）初步评估或者推定那些可能存在重大洪水风险的地区。洪水灾害图和洪水风险图必须以最适当的比例绘制。

图1.10　霍纳德河流域洪水灾害图

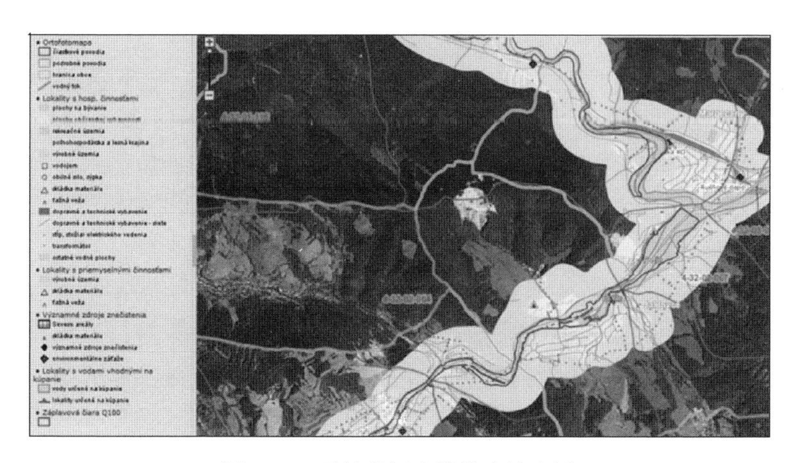

图 1.11 霍纳德河流域洪水风险图

洪水灾害图显示了覆盖地区可能发生的洪水程度（指令 2007/60/EC，SR 法律第 7/2010 号），包含以下内容：

- 发生概率较低的洪水，即重现期为 1000 年或 500 年的洪水；洪水泛滥，行进路线异常危险的洪水。
- 洪水发生概率中等，重现期为 100 年的洪水。
- 洪水发生概率很高，重现期为 50 年、10 年或 5 年的洪水。

洪水灾害图显示了洪水过程线、水深或水位、流速或相应流量所界定的洪水范围。

洪水风险图不仅包含洪水灾害图上有关洪水潜在危害的数据，还包括以下内容（指令 2007/60/EC，SR 法律第 7/2010 号）：

- 洪水风险线将洪水限制在潜在危险区域，该区域与洪水灾害图上的洪水过程线一致。
- 洪水可能危及的人口数量。
- 可能受到洪水威胁的区域的经济活动类型。
- 在洪水期间可能导致水污染的工业活动场所。
- 人类消费和娱乐活动用水的潜在濒危区域的位置。
- 适合游泳的水域。

● 洪水过后潜在水污染的信息。

● 国家保护区域系统和欧洲拟议和申报保护体系的区域（NATURA，2000）是否位于洪水灾害图上显示的地理区域。

● 斯洛伐克水利部认为在洪水风险地图上有用的信息，以及在洪水风险图完成、重新评估和更新前至少一年，由负责重要水道的水管理执行官传输的信息。

洪水地图是风险管理等阶段不可或缺的工具（Bačík 等，2005 年）：在预防和保护阶段，评估洪水风险，随后设计防护措施，评估其总体保护有效性，并根据成本/效益比较防护措施的有效性，进行详细的技术和经济评估；在准备阶段，保护计划主要是为了确定疑似洪水威胁最大的区域；在危险响应阶段，必须要与洪水的速度和进程相吻合。在实施救援计划时，要事先选定可靠的疏散路线，确保受灾人口有暂时住所，流离失所的动物有替代安置地点以及集中救援设备和区域的安全性。

洪水地图（Konvička 等，2002）能够实现以下功能：

● 市政府能够更好地规划新建筑。

● 水资源管理组织能够更好地识别洪水风险地点，从而实施防洪措施。

● 市政当局的居民能够了解洪水对其财产的危害程度。

● 保险公司能够评估保险合同的风险，并在最容易发生洪水的地区安装报警系统。

目前，地图正在以数字模拟的形式编制和更新，并按照河道管理部门制定的技术规格执行。它们以相同的比例展现了相同的地理区域，并在相同数量的地图上显示存在潜在的重大洪水风险或可能发生洪水风险的区域（Fencík 等，2011；指令 2007/60/EC）。

斯洛伐克卫生部第 419/2010 号法令概述了绘制洪水地图的方法框架，规定了洪水灾害图和洪水风险图编制的细节，及其编制、重新估价和更新费用的报销，并在地图上设计和展示了洪泛平原土地的范围。

在斯洛伐克，由斯洛伐克水管理公司班斯卡斯提亚尼卡（Banska Stiavnica）负责编制洪水灾害图、洪水风险图以及流域水管理工作。目前，他们正在编制整个斯洛伐克以及各子流域的洪水灾害图和洪水风险图，并在斯洛伐克环境部网站的防洪专栏中公布。

1.3.4 洪水风险管理计划

指令 2007/60/EC 和斯洛伐克环境部第 7/2010 号法律的第三个也是最后一个目标是基于洪水灾害图和子流域洪水风险图，以制定洪水风险管理计划。这些计划旨在为流域内存在潜在重大洪水风险或可能发生洪水的子流域设定适当的洪水风险管理目标。洪水风险管理计划的目的是降低洪水灾害发生的可能，减少洪水对人类健康、环境、文化遗产和经济活动的潜在威胁。管理计划包括提出措施以实现主要管理目标，即将洪水风险降低到可接受的水平。这些计划必须考虑到相关措施的成本和效益。洪水风险管理计划涉及洪水风险管理的各个方面，侧重于预防、保护和防洪准备，包括洪水预报和预警系统，同时，还要充分考虑个别流域或子流域的自然特征。可以说管理计划是流域长期管理设计的一部分（指令 2007/60/EC）（SR 第 7/2010 号法律）。

斯洛伐克水利部通过重要河流的指定人员和管理者，与防汛部门、土地规划部门和其他有关国家管理部门合作，负责起草、重新评估和更新第一批洪水风险管理计划。小河流的管理者和所有者、农业地主和林业地主、市政当局也与水管理公司和授权人员一起参与计划的编制、重新评估和更新（指令 2007/60/EC、斯洛伐克环境部第 7/2010 号法律）。

洪水风险管理计划的制定应遵循以下基本原则（COM 2004）：

● 跨境河流：成员国应在制定和实施洪水风险管理计划方面进行合作。对于非欧盟成员国的河流，应使用现有的协调机制或开发新的协调机制。

● 洪水风险管理计划：对于河流洪水风险计划，应与流域管理计划和行动计划充分整合。

- 长期战略方针：要将预期发展纳入长期规划中（50～100年）。

- 跨学科方法：要考虑到各级（国家、区域和地方）水资源管理、水资源规划、土地利用、农业、交通、城市化以及自然保护的所有相关方面。

- 团结原则：制定的防洪措施不能影响上游或下游其他成员国的防洪水平和能力。防洪措施一般包括三种情景：蓄水、不蓄不放和放水。

- 要涵盖洪水风险管理的所有要素。

洪水管理计划应实现的全球目标（COM，2004）如下：

- 减少洪水的不利影响和洪水灾害发生的可能性。
- 推动发展可持续洪水风险管理措施。
- 研究洪水的自然过程，并从洪水风险管理工作中受益。
- 向公众和有关当局通报洪水风险及管理方式。

洪水风险管理计划的主要成果如下（COM，2004）：

- 概述和了解当前洪水风险的规模、性质和分布，以及未来洪水风险的情景。
- 了解洪水过程及其对变化的敏感性。
- 要实施的具有成本效益的洪水风险管理措施清单。
- 洪水风险图。
- 满足流域目标的长期洪水风险管理战略。
- 必要情况下，优先关注流域开展的一系列其他研究和活动。

截至2015年12月22日，斯洛伐克为其所有子流域制定了十个洪水风险管理计划（MoE，2011e），说明如下：

- 在捷克共和国的协调下，摩拉瓦河流域与奥地利合作制定了洪水风险管理计划。

- 斯洛伐克与克罗地亚，匈牙利和奥地利合作起草了多瑙河的洪水风险管理计划，该计划与从摩拉瓦河口到德拉瓦河的潘诺尼亚多瑙河中线中部的洪水风险管理计划的编制相协调，并将成为其中一部分。

● 斯洛伐克与匈牙利合作，将瓦赫河、赫龙河和伊贝尔河三个子流域的洪水风险管理计划合并为一个联合国际计划。

● 博德罗格河、波达瓦河、霍尔纳德河和斯拉纳河四个子流域的洪水风险管理计划已成为国际洪水风险管理计划的一部分，该计划由匈牙利、罗马尼亚、斯洛伐克、塞尔维亚和乌克兰共同制定。

● 杜纳耶茨河和波普拉德河子流域的洪水风险管理计划与波兰合作制定，并成为维斯瓦河国际洪水风险管理计划的一部分。

通过跨界河流和多瑙河流域委员会以及多瑙河流域国际保护委员会（ICPDR），协调完成了第一批洪水风险管理计划的编制、修订和更新工作。第一批洪水风险管理计划的范围和时间表可在斯洛伐克共和国环境部网站的防洪专栏查阅。

1.4 洪水损失的评估

洪水损失的表现形式多种多样，例如物质破坏、人员伤亡、牲畜死亡或环境污染。一般而言，洪水损失的不确定性较强。在第7/2010号法律第2条第6款中将洪水造成的以下对象的损失定义为洪水损失。

(1) 有关国家、流域机构、市政当局和个人：

● 在第三级洪水活动期间拥有、管理或使用的财物受到损害。

● 在第二级洪水活动期间，由于地下水位高于地形表面，导致保护区内的建筑物被洪水淹没而造成损害。

(2) 据特别条例（第364/2004号法律修订的第51条及第52条），具有重要水道管理权的小型水道负责人或位于第二级或第三级洪水活动期间被淹没地区的自来水厂的管理者。

(3) 在第二级或第三级洪水活动期间，重要河道和具有天然水流的小型河道的管理者。

(4) 如果洪水损害是由河流中的洪水突然溢出或溢出洪水返回河床引起的，则重要河道的管理者和水控制结构或天然水流的小型水道的管理者将受到损失。

在设计有效的防洪措施时，确定洪水总损失的水平尤为可取。总损失应以财政术语表示，但这会导致一些问题，比如文物的破坏和人员伤亡。

1.4.1　洪灾损失的分类

洪水造成的总损失主要是指用于赔偿洪水灾害、国际比较以及洪水和其他自然灾害造成的损失统计（第 251/2010 号法令）。由于大部分损失无法评估，或者评估技术非常复杂，导致洪灾损失很难客观地、准确地表达，以至于一度被舍弃。洪灾损失按不同的标准有不同的划分方式，如卡米尔（Camrová 等，2006）建议将洪水损失划分为直接损失与间接损失。

图 1.12 对洪水损失进行了明确分类。

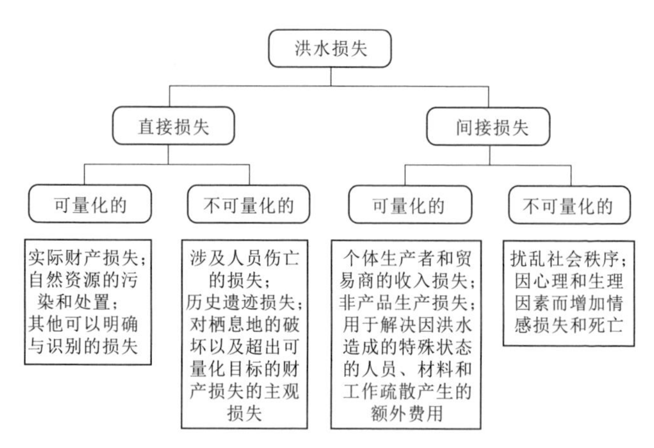

图 1.12　洪水损失分类（Čamrová 等，2006）

一般而言，洪灾损失还可分为（Čamrová 等，2006）：人员伤亡（社会损失）；对环境的破坏（环境损失）；财产损失（经济损失）。

以下将分项介绍各类洪灾损失。

1.4.1.1 人员伤亡

洪水期间的人员伤亡通常是由于信息和预警系统的故障或由于个人防洪意识不到位导致的。洪灾地区的死亡人数主要取决于居住在该地区的居民人数，而洪量和水位升高这两种洪水因素也可能是导致人员伤亡的直接原因。其他地形因素也是如此，比如洪水导致的建筑物倒塌（图 1.13）（Čamrová 等，2006；捷克环境部，2004）。

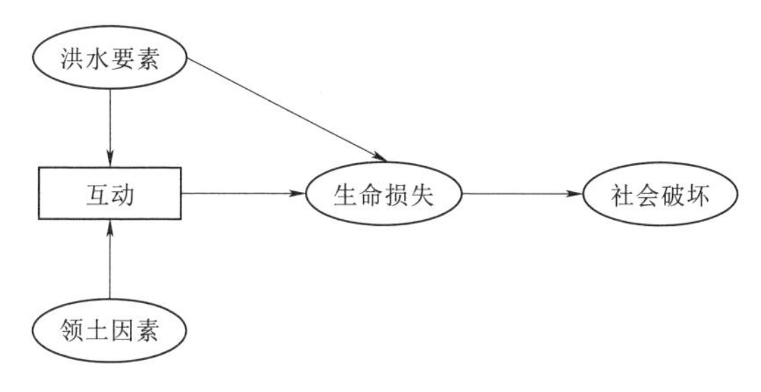

图 1.13 影响洪水死亡率的模型因素

1.4.1.2 对环境的破坏

环境及其自然价值也会受到洪水的影响，尽管洪水在一定程度上是一种自然现象。尽管天然的洪水基本上没有人员伤亡和经济损失（在城市化地区之外），但会造成环境破坏。例如，由于洪灾，废水和化肥可能发生泄漏和溢出，最坏会导致富营养化，从而破坏某些生态系统。例如，由于垮坝或森林砍伐而造成的洪水影响，其损失将难以估量。就像洪水本身对环境和自然造成影响，防洪措施也会影响环境和自然，且这种影响有好有坏。保护区内湿地和森林的更新属于积极影响，因其保护了自然价值，而建造大坝、水库和其他保护结构也会对环境产生不利影响（捷克农业部，2004 年）。

对环境的某些损失可包含在经济损失中（例如，在“河道损坏”类别中）。有害物质的释放是环境破坏的另一个不可量化的部分，在洪水过后，这些有害物质会以多种形式影响生态系统（Čamrová 等，2006）。

1.4.1.3 财产损失

目前，财产损失（经济损失）是洪灾损失评估的焦点。经济损失的程度主要取决于洪水因素和地形因素的协调（见图1.14），如前所述，包括前文提到的直接和间接损失。直接损失主要包括财产损失，而间接损失可能包括工作或商业的损失（捷克农业部，2004）。

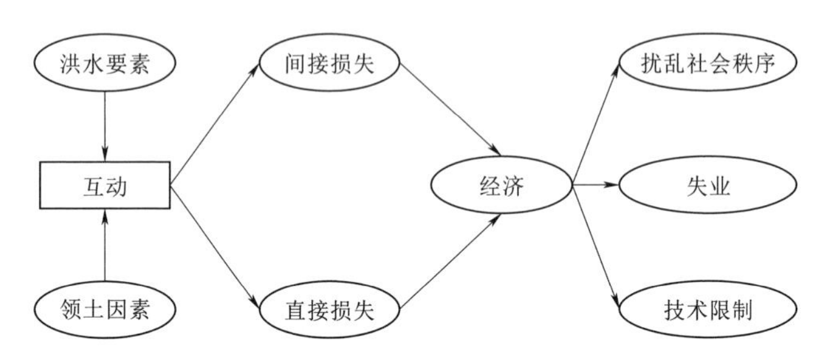

图1.14 影响经济损失程度的因素

可量化的经济损失总量可根据以下几个标准进行分类（Čamrová等，2006）：

（1）根据受损财产主体的不同，可分为以下两类：

1）州或地方自治政府公共财产的损失。

2）私人财产（公民或企业）的损失。

（2）根据财产类型的不同，可分为以下几类：

1）建筑物。

2）机械和设备。

3）住宅区和家庭住宅。

4）基础设施。

5）河道。

6）畜牧业和农业生产。

7）其他损坏。

根据受损财产的位置可分为直辖市、区和县。

根据这些标准进行洪灾损失进行监测，这对于估算洪水灾后重建费用以及选择防洪措施具有不可替代的重要作用。

1.4.2 影响洪灾损失的因素

洪灾损失的总价值受到许多因素的影响，其中最重要的因素包括（Čamrová 等，2006）.

- 洪水的演进；
- 有关洪水危害的准确信息（洪水预警系统）；
- 洪水期间水工程措施的运营管理；
- 防洪措施的准备情况和实施水平；
- 河道的容量和状态；
- 受灾地区的城市化水平和土地利用；
- 土地的持水能力；
- 公民的防洪意识，以及将风险降至最低的做法。

就洪水演进而言，它几乎不受人类的影响，甚至在某些程度上根本不受人类的影响。一般来说，流速越高，洪水量越大，财产损失就越大。

河道的容量和状态会影响洪水的演进过程，并对集水区的整体集水能力产生间接影响。公众面临的主要问题在于河道是否需要维护，如果需要，哪种河道形态可以减少洪水损失。解决这一困境的方法通常可能是水流管理方法，通过技术监管保护城市化地区的人类生命和财产，并通过使用与自然一致的方法允许水在开阔地区溢出。通过这种方式，可以以经济损失为代价，一定程度上减少城市内人民的生命财产安全。

参考文献

Act No. 7/2010 On protection against floods. （in Slovak）.

Van Alphen J，Martini F，Loat R，Slomp R，Passchier R（2009）Flood risk mapping in Europe，experiences and best practices. J Flood Risk Manag 2（4）：285-292.

Apel H，Aronica GT，Kreibich H，Theike AH（2009）Flood risk analyses-how detailed do we need to be? Nat Hazards 49（1）：79-98.

Bačík M，Babiaková G，Halmo N，Lukáč M（2006）European legal documents on flood protection and their implementation in the Slovak Republic (in Slovak). Vodohospodársky spravodajca 9 - 0.

Bačík M, Halmo N, Pešek V (2009) Preparation of a new flood protection act. Ministry of Environment of the Slovak Republic (in Slovak) .

Bačík M, Mišík M, Kučera M. (2005) Use of mathematical models and tools of hydroinformatics in flood risk management (in Slovak) .

Barredo JI, De Roo A, Lavalle C (2007) Flood risk mapping at European scale. Water Sci Technol 56 (4): 11 - 17.

Bouma JJ, Francoi D, Troch P (2005) Risk assessment and water management. Environ Model Softw 20 (2): 141 - 151.

Cihlář J et al (2010) The first findings from the processing of flood hazard maps and flood risks in the Czech Republic—pilot project (in Czech). In: Proceedings of conference of the Floods 2010: causes, course and experience: contributions from the conference with international participation. Štrbské Pleso—Bratislava: Water Research Institute.

Cipová K (2010) Implementation of Directive 2007/60/ EC of the European Parliament and of the Council on the assessment and management of flood risks, risk map of Levice.

COM (2003) (Commission of the European Communities) (2003) Best practices on flood prevention, protection and mitigation. Commission of the European Communities, Brussels, 29 p.

COM (2004) Flood Risk Management, Flood Prevention, Protection and Mitigation. Communication from the Commission to the Council, the European Parliament, the European Economic and Social Committee and the Committee of the Regions. COM (2004) 472 final. Brussels.

Čamrová L, Jílková J et al (2006) Flood damage and tools to reduce it (in Czech). Prague: IEEP, Institute for Economic and Environmental Policy at the University of Economics, Prague FNH VŠE in Prague. ISBN 80 - 86684 - 35 - 0.

Damm M, Fekete A, Bogardi JJ (2010) Intersectoral vulnerability indices as tools to framing risk mitigation measures and spatial planning. In: Conference Proc. HydroPredict, Prague.

Decree of the Ministry of the Environment of the Slovak Republic No. 112/ 2011 Laying down details on the content, review and updating of flood risk management plans (in Slovak) .

Decree of the Ministry of the Environment of the Slovak Republic No. 204/2010 Laying down the details of the implementation of the flood forecasting service. (in Slovak) .

Decree of the Ministry of the Environment of the Slovak Republic No. 251/2010 Laying down details on the evaluation of expenditures for flood protection work, flood rescue work and flood damage. (in Slovak) .

Decree of the Ministry of the Environment of the Slovak Republic No. 252/2010 Laying down details on the submission of interim reports on the flood situation and summary reports on the course of floods, their consequences and measures taken. (in Slovak) .

Decree of the Ministry of the Environment of the Slovak Republic No. 261/2010 Laying down details on the content of flood plans and the procedure for their approval. (in Slovak) .

Decree of the Ministry of the Environment of the Slovak Republic No. 313/2010 Laying down the details of the preliminary flood risk assessment and its evaluation and updating. (in Slovak) .

Decree of the Ministry of the Environment of the Slovak Republic No. 419/2010 Laying down details on the preparation of flood hazard maps and flood risk maps, on the reimbursement of expenditures for their preparation, review and updating, and on the design and display of the extent of the inundation area on maps. (in Slovak) .

DEFRA (Department for Environment, Food & Rural) (2000) Guidelines for environmental risk assessment and management. London.

Directive 2000/60/ EC of the European Parliament and of the Council of 23 October 2000 establishing a framework for Community action in the field of water policy. (in Slovak) .

Directive 2007/60/ EC of the European Parliament and of the Council of 23 October 2007 on the assessment and management of flood risks. (in Slovak) .

Dráb A (2006) Analysis of flood risks in the process of spatial planning using GIS (in Czech). Urbanizmus a územní rozvoj 9 (15): 37 - 42.

Dráb A, Říha J (2001) Application of risk analysis in assessment of flood control measures (in Czech). Manuscript at WORKSHOP 2001, In: Extreme hydrological phenomena in River Basins. Prague.

Drbal K et al (2005) Proposal of methodology of flood risk and damage assessment in flood plain and its verification in the Elbe river basin (in Czech). VÚV TGM Brno. 150 p.

Drbal K et al (2008) Methodology of flood risk and damage assessment in flood plains (in Czech). Water Research Institute T. G, Masaryk, Brno, p 72.

Drobne S, Lisec A (2009) Multi - attribute decision analysis in GIS: weight linear combination and ordered weighted averaging. Slovenia.

EXCIMAP (European exchange circle on flood mapping) (2007a) Atlas of flood maps. Flood mapping: a core component of flood risk management: Great Britain.

Fencík R, Danek L, Daneková J (2011) Utilization of GIS applications and hydrodynamic modeling in the creation of flood maps (in Slovak). GIS Ostrava.

Ganoulis J (2003) Risk - based floodplain management: a case study from Greece. Int J River Basin Manag 1: 41 - 47.

Gozora V (2000) Crisis management (in Czech). Nitra: SPU, 182 p. ISBN 807137 - 802 - X.

Hald A (1984) A. de Moivre: 'De Mensura Sortis' or 'On the Measurement of Chance'. Int Stat Rev 52 (3): 229 - 262.

Hardmeyer K, Spence MA (2007) Bootstrap methods: another look at the Jackknife and geographic information systems to assess flooding problems in an urban watershed in Rhode Island. Environ Manag 39: 563 - 574.

Havlík A, Salaj M (2008) Analysis and mapping of flood risks (in Czech).

Hofierka J (2003) Geographical information systems and DPZ PU, 2003. (in Slovak).

Horský M (2008) Methods of evaluation of potential flood damage and their application by means of GIS (in Czech). Dissertation thesis. Prague. 124 p.

Hřebíček J, Pospíšil Z, Urbánek J (2010) Introduction to mathematical modeling using Maple (in Czech). Brno, ISBN 978 - 80 - 7204 - 691 - 1.

Chandran R, Joisy MB (2009) Flood hazard mapping of Vamanapuram river basin—a case study. In: 10th Conference on technological trend.

ICPDR (International Commission for the Protection of the Danube River) (2009) Flood Action Plan for the Vah, Hron and Ipel Rivers Basin. ICPDR Vienna, 31 p.

ICPDR (2004) Flood Action Program. Action Programme for Sustainable

Flood Protection in the Danube River Basin. ICPRD, Vienna, 26 p.

IKSR (Internationale Kommissionzum Schutzdes Rheis). (2005) Action Plan Floods 1995 - 2005—Action Targets, Implementation and Results. Internationale Kommission zum Schutzdes Rheins (IKSR), Koblenz, 16 p.

International Office for Water (2005) France—ecologic, Germany: evaluation of the impacts of floods and associated protection policies, Paris - Berlin.

Kandilioti G, Makropoulos CH (2012) Preliminary flood risk assessment. Case Athens Nat Hazards 61 (2): 441 - 468.

KarmakarS, SlobodanP, SimonovicAP, BlackJ (2010) Aninformationsystemforrisk - vulnerability assessment to flood. J Geogr Inf Syst 2: 129 - 146.

KokM, HuizingaHJ, VrouwenfelderACWM, BarendregtA (2004) Standard Method2004. Damage and Casualties caused by Flooding. Highway and Hydraulic Engineering Department.

Konvička M et al (2002) City and flood—strategy of urban development after floods (in Czech). ERA group spol, Brno, p 217.

Korytárová J, Šlezinger M, Uhmanová H (2007) Determination of potential damage to representatives of real estate property in areas afflicted by flooding. J Hydrol Hydromech 55 (4): 282 - 285.

Kron W (2005) Flood Risk = Hazard • Values • Vulnerability. Water Int. 30 (1): 58 - 68.

Kudrnová L, Hanzl A, Bureš K (2004) Pilsen region, concept of water protection. Study of Flood Measures E (in Czech). Economic Analysis. Prague: Hydroprojekt CZ, a. s.

Kutiš V (2006) Basics of modeling and simulations (in Slovak). Bratislava. 136 p.

Langhammer J (2007) Floods and landscape changes (in Czech). Charles University in Prague a ME CZ, Faculty of Natural Sciences.

Langhammer J (2010) Current approaches to flood risk assessment and modeling (in Czech).

LAWA (1996) Hochwassergefahr. Vorbeugen - Schäden vermeiden. LAWA, Berlin. 4 p.

LAWA (2000) Wirksamkeit von Hochwasswasservorsorge - und Ho - chwasservorsorgemassnahmen. LAWA, Schwerin, p 10.

LAWA (2010) Recommendations for establishment of flood risk management plans. LAWA, Dresden, p 58.

Máca J, Leitner B (2002) Operational analysis for security management (in Slovak). Learning text. Faculty of Special Engineering—Detached workplace Košice. 178 p.

Máca J, Leitner B (2006) Application of multi - criteria decision - making methods in crisis management (in Slovak). Faculty of Special Engineering—Detached workplace Košice. p 1 - 9.

Malczewski J (2006) GIS - based Multicriteria decision analysis: a survey of literature. Int J Geogr Inf Sci, 703 - 726.

Meyer V, Haase D, Scheuer S (2007) GIS - based multicriteria analysis as decision support in flood risk management. UFZ—Discussion papers. Department of Economics 6: 57 p.

Meyer V, Messner F (2005) National flood damage evaluation methods, a review of applied methods in England, the Nederland, the Czech Republic and Germany. UFZ, Department of Economics.

Meyer V, Scheuer S, Haase D (2009) A multicriteria approach for flood risk mapping exemplified at the Mulde river Germany. Nat Hazards 48 (1): 17 - 39.

Míka VT (2009) Social risks as a problem of crisis management. Proceedings of the international scientific conference "Crisis Management in a Specific Environment". Žilina: FŠI TU, pp 469 - 474. ISBN 978 - 80 - 554 - 0016 - 7 (in Slovak).

Mišík M, Kučera AM, Ando M (2011b) Flood modeling and mapping of urbanized areas (in Slovak). In: River basin and flood risk management 2011, Častá Papiernička.

Mišík M, Kučera AM, Ando M, Stoklas M (2011a) Flood mapping of large areas (in Slovak). In: River basin and flood risk management 2011, Častá Papiernička.

MoE SR (2011e) Analysis of the state of flood protection in the territory of the Slovak Republic. Summary of analysis results. Annex 1.

MoE SR (2012) Water Management in the Slovak Republic in 2011, Bratislava, 2012. (in Slovak).

MoE SR (2012a) Report on the course and consequences of floods in the Slovak Republic from 1 January to 30 April 2012.

MoE SR (2012b) Report on the course and consequences of floods in the Slovak Republic in the period from 1 May to 31 August 2012.

MoE SR (2012c) Annex to the Report on the course and consequences of floods in the territory of the Slovak Republic from 1 January to 30 April 2012 (table part).

MoF SR (Ministry of Finance of the Slovak Republic) (2013) Reference rate, discount rate and interest rates for State aid recovery.

Nascimento N, Baptista M, Silva A et al (2006) Flood - damage curves: Methodological development for the Brazilian context. Federal University of Minas Gerais. Water Practice & Technology, 1 (1). I WA Publishing, ISSN 1751 - 231X.

Ocelíková E (2004) Multicriterial decision making (in Slovak), 2nd edn. Elfa s r. o, Košice, p 87.

Penning - Rosell E, Floyd Ramsbottom D, Surendran S (2005) Estimating injury and loss of life in floods: a deterministic framework. Nat Hazards 36: 43 - 64.

Rozsypal A (2003) Engineering constructions (in Czech). Risk management. Bratislava: JAGA GROUP, s. r. o. 174 p. ISBN 987 - 80 - 8076 - 066 - 3.

Říha J et al (2005) Risk analysis of flood areas (in Czech). Work and studies of the Institute of Water Structures FAST VUT v Brně, Sešit 7, CERM, Brno, 286 p. ISBN 80 - 7204 - 404 - 4.

Satrapa L (1999) Design and use of methodology for determination of potential flood damage (in Czech). In: Flood damage—determination of potential damage caused by floods. Prague, ČVTVHS, Part 1, pp 73 - 91. ISBN 80 - 02 - 01274 - 7.

Satrapa L, Fošumpaur P, Horský M et al. (2011) Assessing the effectiveness of flood protection actions in the framework of the activities of the strategic expert of the Flood Prevention Program in the Czech Republic (in Czech). In: River Basin and Flood Risk Management 2011—Proceedings of the Scientific Conference. Častá Papiernička—Bratislava, Water Research Institute.

Scheuer S, Haase D, Meyer (2011) Exploring multicriteria flood vulnerability by integrating economic, social and ecological dimensions of flood risk and coping capacity: from a starting point view towards an end point view of vulnerability. Nat Hazards 58 (2): 731 - 751.

Skubičan P (2012) Identification, evaluation and mapping of flood risk in GIS environment using spatial multi - criteria analysis (in Czech). In: GIS Ostrava 2012—Current challenges of geoinformatics, pp 1 - 14.

Skubičan P (2010) Spatial multicriteria analysis for decision support (in Slovak). In: Proceedings of scientific works of PhD students and young researchers "Mladí vedci 2010", pp 1 - 9.

Smejkal V, Rais K (2006) Risk management in companies and other organizations (in Slovak).

Second, Upgraded and Extended Edition. Grada Publishing, a. s., 296 p. ISBN 80 - 247 - 1667 - 4.

Smith K (1996) Environmental hazards. London (Routledge) .

Solín Ľ (2011) Flood risk assessment—current state of research (in Slovak). In: River Basin and Flood Risk Management 2011 - Proceedings of the Scientific Conference. Častá Papiernička - Bratislava, Water Research Institute.

Solín Ľ, Martinčáková M (2007) Some remarks on methodology of flood maps creation in Slovakia (in Slovak). Geogr J 59 (2): 131 - 158.

Solín Ľ, Skubican P (2013) Flood risk assessment and management: review of concepts, definitions and methods (in Slovak). Geogr J 66 (1): 23 - 44.

Szolgay J (2010) Principles of flood protection in international documents (in Slovak). In: Urbanity.

Šimák L (2001) Crisis management in public administration (in Slovak). Žilina: ŽU, 243 p. ISBN 80 - 88829 - 13 - 5.

Tanavud CH, Yongchalermchai CH, Bennui A, Densreeserekul O (2004) Assessment of flood risk in Hat Yai Municipality, Southern Thailand, using GIS. J. Nat. Disaster Sci. 26 (1): 1 - 14.

Tichý M (1994) Risk ingineering. 1—Risk and its estimation. Constr Superv 9: 261 - 262.

Tichý M (2006) Risk management: Analysis and management (in Slovak). Publishing CH Beck, 396. ISBN 80 - 7179 - 415 - 5 (in Czech) .

Tran P, Shaw R, Chantry G, Norton J (2009) GIS and local knowledge in disaster management: a case study of flood risk mapping in Viet-nam. Disasters 33 (1): 152 - 169.

Tuček J (1998) Geographical information systems—Principles and practice (in Slovak). Computer Press.

UN/ISDR (United Nations International Strategy for Disaster Reduction) (2004) Living with Risk, A Global Review of Disaster Reduction Initiatives. 430 p.

Valenta P (2005) Use of numerical models of water flow in flood protection (in Czech). CVTU, Habilitation lectures.

Yahaya S, Ahmad N, Abdalla FR (2010) Multicriteria Analysis for Flood Vulnerable Areas in Hadejia - Jama' are River Basin. Nigeria. Eur. J. Sci. Res. 42 (1): 71 - 83.

Yalcin G, Akyurek Z (2004) Analysing flood vulnerable areas with multicriteria evaluation. XXth ISPRS Congress, Geo - Imagery Bridging Continents, In, pp 359 - 364.

Zeleňáková M (2009) Flood risk assessment (in Slovak). Košice: Technical University of Košice, Faculty of Civil Engineering, ISBN 978 - 553 - 0315 - 4.

第2章 材料和方法

洪水不仅给人类生命健康、文化遗产和环境等带来威胁，还会造成财产损失与经济活动停滞等不利影响。洪水通常难以阻止，但可以通过评估洪水风险程度，并采取有效的应对措施以尽可能降低损失。

防洪是一项需要全社会共同参与的工作。欧洲议会和理事会关于评估和管理洪水风险的第 2007/60/EC 号指令中，规定了防洪的基本规则，该指令由斯洛伐克共和国的第 7/2010 号条文转化为斯洛伐克共和国的法律秩序（第 1.3 节），其中规定了实施细节，具有普遍约束力。

本章的主要目标是提出一个选择有效防洪形式（风险管理）的程序，以降低已识别的洪水风险（风险评估）。

图 2.1 显示了本章技术路线的简化流程示意图，其中包含了洪水风险评估和洪水风险管理等工作各个步骤。

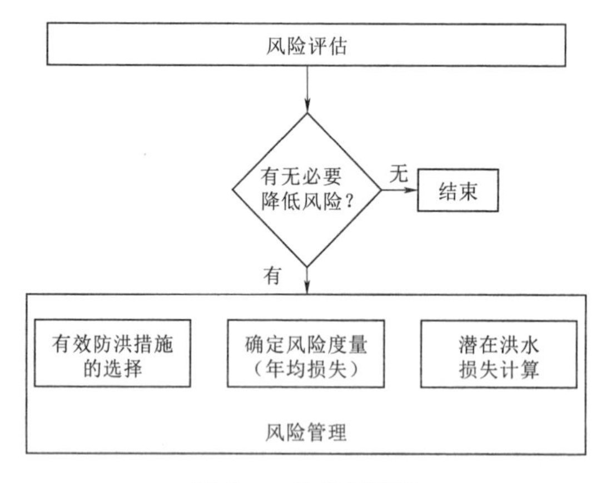

图 2.1　技术路线图

洪水风险管理是一个决策过程，遵循洪水风险评估的结果（见图 2.1）。该过程的目标是提出将风险降低到可接受水平的最佳方法。洪水风险管理的整个过程将在之后的章节中进行介绍。

2.1 潜在洪水损失的计算

潜在洪水损失包含了动产、不动产以及洪泛区的自然和景观价值。本章将详细介绍确定每类潜在洪水损失的步骤。

正如第 1.4.1 节所述，潜在洪水损失包括以下几类：

- 财产损失；
- 环境破坏；
- 人员伤亡。

评估洪水灾害严重程度的三个基本指标分别为：人员伤亡数量、环境损失及经济损失。以上评估有助于选择有效的防洪措施。

计算潜在洪水损失的主要原因是提出了一个程序，用于选择减少洪水对人类健康、环境及其资产的影响所需的最具成本效益的措施组合，这将作为制定洪水风险管理计划的基础。其本质就是建立一个概念框架，使其能够而且必须适应每个河流流域的性质和需求，从而按照指令 2007/60/EC 的要求，在制定洪水风险管理计划时采取一致的方法和确保有效性。

以下部分将详细介绍计算不同损失类别时所需要的方法和输入数据。

2.1.1 财产损失

捷克共和国的一篇论文（Horský，2008）很好地解决了评估潜在洪水造成的财产损失的问题。同年，德巴尔（Drbal）等（2008）的论文设计了“确定洪水风险和洪水区损失的方法”。这些论文都是通过应用损失曲线“Ⅰ级”和“Ⅱ级”方法直接评估潜在洪水损失。

由于斯洛伐克和捷克共和国的建筑和基础设施受到洪灾损失时采用的解决方案非常相似，因此本书对捷克共和国提出的方法进行了修改，用于计算财产损失。这种方法具有较好的拓展性，可以应用于任何其他国家。然而，考虑到实际情况，“Ⅰ级”方法更为适用，这是较大土地单位中效率最高的方法，且对投入要求不高。如果有更为翔实的背景资料，可以使用“Ⅱ级”方法计算洪水损失，该方法要求的输入数据与处理在上述论文中均有提及（Horský，2008）。“Ⅱ级”方法本质上是“Ⅰ级”方法在某些评估领域的延伸。

“Ⅰ级”方法通过损失曲线确定潜在的直接洪水损失，该损失曲线是基于考虑范围内各类物体的获取价格，以及通过详细分析洪水对各类物体及其建筑部分的影响而产生的损失函数，物体类别的划分依据建筑构件的结构和建筑工地的分类（Drbal 等，2008）。两者的不同之处在于收购价格，其来源是景观建筑师协会（UNIKA）和建筑经济研究所（2012）在建筑行业的每单位平均预算价格。

为了评估潜在洪水造成的直接财产损失，霍尔斯基（Horský）（2008）提出了估算公式：

$$D_{Pik}=S_{ik}P_kL_k \tag{2.1}$$

式中　D_{Pik}——类别 k 中给定对象 i 的量化损失值，欧元；

i——给定类别 k 中的对象索引；

k——每个评级类别的索引；

S_{ik}——按类别受影响物体的大小或数量，个、m、m^2、m^3；

P_k——每个额定类别的每计量单位的单价，欧元/个、欧元/m、欧元/m^2、欧元/m^3；

L_k——每个类别的损失，以洪水或分别以深度表示的洪水，%。

计算每类损失的基本原则是相同的，其差异仅在于计量单位及其价格。对于工程网络，对象通常以长度单位 m 计算；对于建筑，以建筑空间单位 m^3 计算；对于农业用地，以面积单位 m^2 计算。

每条损失曲线都用一系列潜在损失值表示。使用损失上限和下限是因为洪水可能会对不同部分造成不同程度的损坏。计算中使用的损失曲线可以是对偶型（Drbal 等，2011）：

- 取决于建筑对象中洪水的深度；
- 独立于洪水的深度——工程网络、基础设施和农业。

每个类别的财产损失的计算公式如下：

$$D_{Pk}=\sum D_{Pik} \tag{2.2}$$

式中　D_{Pk}——该类别中量化损失的价值，欧元；

D_{Pik}——给定对象的量化损失的价值，欧元。

随后，将评估区域内财产的总损失，该总损失为给定 Q_N 的各个资产类别的损失总和，计算公式如下：

$$D_M=\sum D_{Mk} \tag{2.3}$$

式中　D_M——资产量化损失总额的价值，欧元；

D_{Mk}——类别 k 中评估损失的价值，欧元。

下文描述的数据和程序用于确定资产和建筑物类别（建筑物和土木工程）的潜在洪水损失，包括其单位和损失率。建筑物（对象）细分为以下类别，摘自《2012 年每计量单位平均预算价格提案》（UNIKA 2012）。评估财产的潜在洪水损失也是评估农业植物生产损失。

A. 建筑物损坏

在“Ⅰ级”方法中，只区分一种类型的建筑物，其基本元素为：单个 Q_N 的洪水地图；构建图层，淹没区域的深度地图。根据关系式（2.4）计算建筑物损坏：

$$D_B=\sum[A_iP_BL_i(h)] \tag{2.4}$$

式中　D_B——评估的建筑物损坏的价值，欧元；

A_i——建筑物 i 的多边形面积，m^2；

$L_i(h)$——从建筑物 i 附近给定洪水深度（最小值和最大值）

的损失函数表示的损失值（见表 2.1 和图 2.2）；

P_B——单层建筑物 1m^2 单位（购置）价格，欧元/m^2，见表 2.2。

表 2.1 洪水深度与建筑物最大和最小损失的相关关系（Horský，2008）

洪水深度 h/m	0	1	2	3	4	5
最小损失/%	2.23	6.69	9.93	12.69	17.15	20.38
最大损失/%	3.55	10.64	16.5	21.89	28.98	34.84

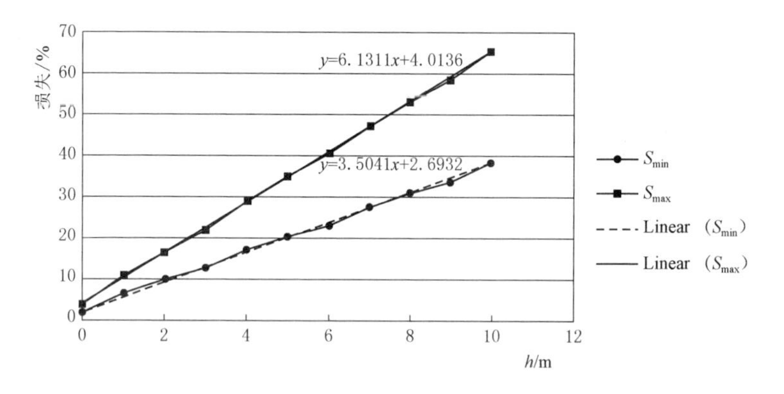

图 2.2 洪水深度与建筑物最大和最小损失的通用损失曲线（Horský，2008）

在计算洪水损失时，为了方便起见，通常认为这些建筑物始终是多层建筑物，标准楼层高度约为 3m。零深度的非零损失是未建成建筑物的损失。

建筑物的布局曲线如图 2.2 所示，损失的百分比见表 2.1（Horský，2008）。

建筑物的单价是建筑业价格指数的平均值。每种建筑类型的价格指数是指每立方米废弃空间的价格，这些价格来自《单位平均预算价格提案》（UNIKA 2012）。建筑物类别和价格指数见表 2.2。

表 2.2　　2012 年建筑价格指数及平均值

建筑类型	缩写	价格/(欧元/m^2)
住宅	P_{Br}	174.10（平均）
非住宅建筑	P_{Bn}	176.05（平均）
单位空间平均成本/(欧元/m^2)		175.08
地板高度/m		3
楼面高度为 3m 时单位的购置成本/(欧元/m^2)	P_B	525.24

B. 基础设施损坏

对于使用“Ⅰ级”方法对基础设施造成的损坏，应考虑其对道路、铁路和公用设施网络以及桥梁造成的损坏。必要的数据包括：单个 Q_N 的洪水地图；道路基础设施层；铁路层；桥层。

B.1　道路基础设施

根据斯洛伐克技术标准 STN736100，道路基础设施主要用于车辆、自行车和行人通行。根据运输意义和技术价值，道路分类如下：

- 道路基础设施：主要用于城市地区以外的道路车辆通行的道路，其特点是加固的道路，包括高速公路，以及一级、二级和三级道路，见表 2.3。

表 2.3　　道路的更换宽度（STN736101）

道路类型	平均宽度/m
高速公路	24.5
一级和二级道路	11.5
三级、本地和专用道路	7.5

- 本地基础设施：是特定住宅单元的交通设施的一部分，或在其相关的区域内建立交通连接的道路。

- 专用基础设施：一条道路，将生产工厂、封闭场所、单独的建筑物与道路网络等，与森林和森林道路连接起来，或在封闭空间和设施内建立运输联系。

● 根据运输意义、目的地和技术设备，并根据第368/2013号法律，道路分为公路、主干路、地方道路以及专用道路。

道路损坏是由所有道路的总淹没面积决定的，将其估算为给定 Q_N 的损失值，计算公式如下：

$$D_{RI}=ALP_{RI} \tag{2.5}$$

式中 D_{RI}——道路损坏，欧元；

A——更换区域改造后的道路面积，m^2；

LP_{RI}——损失价格最小值和最大值（见表2.4），欧元/m^2。

对于道路等线性物体，在计算损失前，需要添加一个新的参数“宽度”，宽度可根据道路和高速公路设计的STN73 6101确定。

B.2 铁路

铁路损失是指被淹没的铁路总长度乘以给定的每米损失，计算公式如下：

$$D_{RW}=LLP_{RW} \tag{2.6}$$

式中 D_{RW}——铁路损坏，欧元；

L——铁路长度，m；

LP_{RW}——损失价格最小值和最大值（见表2.4），欧元/m。

公路和铁路损失由建造成本确定，而不同类型损失的运输价格是铁路每米价格和道路每平方米的表面积价格，其价格来自《每计量单位平均预算价格提案》（UNIKA 2012）。表2.4中最小损失值和最大损失值参考霍尔斯基（Horský）的文献（2008）。

表2.4 公路和铁路价格指标及损失价格计算

类型	价 格	损失/%		损 失 价 格			
		最小值	最大值	标签	单位	最小值	最大值
道路	88.16 欧元/m^2	2.06	4.12	SC_{CK}	欧元/m^2	1.82	3.63
铁路	591.31 欧元/m	5.80	9.07	$SC_{Ž}$	欧元/m	34.30	53.63

B.3 基础设施网络

针对所有类型的网络计算基础设施网络的损失情况，预测道路沿线网络的损失情况。损坏计数基于被淹没的网络（基础结构）的总长度。计算时同样以长度值乘以每米损失，公式如下：

$$D_{EN}=LLP_{EN} \tag{2.7}$$

式中 D_{EN}——基础设施网络的损失，欧元；

L——网络长度或道路长度，m；

LP_{EN}——损失价格的最小值和最大值（表2.5），欧元/m。

确定基础设施网络损失的成本首先要考虑网络的价格指数，单位网络的价格是每米指标的固定和可变部分的价格。这个价格可按《预算基准价格》（*Budget Benchmarks Cenekon*）中刊登的每个指标的平均价格计算，列于表2.5中，表中最小损失值和最大损失值参考霍尔斯基（Horský）的文献（2008）。

计算时假设该地区配备了各种网络，因此使用 LP_{EN} 的平均成本进行计算。如果已知该地区缺少一个或多个网络，则只能使用现有网络的损失率总和，对现有网络进行计算。

表2.5 基础设施网络费用和损失计算

类型	价格/(欧元/m)	损失/%		损失价格/（欧元/m）		
		最小值	最大值	标签	最小值	最大值
电力	60.10	0.33	0.98	SC_{EN1}	0.20	0.59
供水	85.08	0.35	0.39	SC_{EN2}	0.30	0.33
下水道	110.84	0.50	0.52	SC_{EN3}	0.55	0.57
气	177.98	2.00	2.00	SC_{EN4}	3.56	3.56
电信	29.98	0.77	2.31	SC_{EN5}	0.23	0.69
总计				SC_{EN}	4.84	5.74

B.4 桥梁

桥梁损失通过桥梁面积乘以给定单位损失值计算，计算公式如下：

$$D_B=ALP_B \tag{2.8}$$

式中 D_B——桥梁损坏，欧元；

A——桥梁面积，m^2；

LP_B——损失价格，欧元/m，最小值和最大值见表 2.9。

桥梁的表面计算为桥梁长度和宽度的乘积，根据表 2.6 得出。

桥梁损失的成本由土木工程中的价格指标确定。每种类型桥梁的价格指数是每平方米桥梁的价格，这些价格来自《每单位平均预算价格提案》（UNIKA，2012）。土木工程建筑类别表（表 2.6 和表 2.7）参考霍尔斯基（Horský）的文献（2008）。

表 2.6　　桥梁和人行道的长度和宽度

类型	长度 l	宽度 w
桥——线	实际行长	10
桥——点	更换长度：4m	10
人行天桥——线	实际行长	2
人行天桥——点	更换长度：2.5m	2

表 2.7　　桥梁费用和损失价格计算

类型	价格/(欧元/m)	伤害/%		损失价格/(欧元/m)		
		最小值	最大值	标签	最小值	最大值
路桥	1697.99	1.00	1.40	SC_{Mo1}	17.00	23.77
铁路桥	3009.71	1.00	1.40	SC_{Mo2}	30.00	42.14
步行桥	1179.16	1.00	1.40	SC_{Mo3}	11.80	16.50

各个结构根据其位置进行区分。如果桥线与铁路线平行，或者桥梁的点位于铁路轨道线上，则该桥是铁路桥。在其他情况下，则认为桥梁是公路桥或步行桥。

C. 农业损失

农业损失被视为作物生产的损失，计算思路为被淹没的农业地区面积和根据作物产量曲线确定的损失价值的乘积（Horský，2008；Satrapa，1999），计算公式如下：

$$D_{CP}=ALP_{CP} \tag{2.9}$$

式中　D_{CP}——对作物生产的损害，欧元；

A——农业用地面积，hm^2；

LP_{CP}——损失价格，欧元/hm^2，其最小值和最大值见表 2.18。

基于斯洛伐克农业和粮食经济研究所公布的基本作物种植平均成本和平均每年损失计算作物生产的损失价格，这是根据在洪水到来时，从一年中单个作物的损失的分布得出的（Satrapa，1999）。

表 2.8 和图 2.3 展示了关于一年中某些月份某些作物类型可能遭受洪水灾害的数据，以种植成本的百分比表示（Drbal 等，2008；Horský，2008；Satrapa，1999）。

表 2.8　　作物损失的计算（Horský，2008）

作物种类	作物面积率/%	成本/(欧元/hm^2)	损失/(c/o)		损失价格/(欧元/hm^2)		
			最小值	最大值	标签	最小值	最大值
谷物	56.2	599.33（平均）	15	80	SC_{P1}	89.90	479.46
甜玉米	8.16	677.35	15	80	SC_{P2}	101.60	541.88
油菜籽	9.77	908.39	10	90	SC_{P3}	90.84	817.55
向日葵	6.36	686.17	10	80	SC_{P4}	68.62	548.94
土豆	0.18	3154.66	20	80	SC_{P5}	630.93	2523.73
甜菜	2.25	1617.07	15	80	SC_{P6}	242.56	1293.66
其他	17.08						
总	100						
平　均		1273.83	20	80	SC_{CP}	254.77	1019.06

应该注意的是，作为每公顷损失和损失的百分比，它不是最小值和最大值的加权平均值，而是每个月加权平均值的最小值和最大值，因此，每公顷的损失成本是 $LP_{CP\max}$ 和 $LP_{CP\min}$。

由于作物产量的频繁变化以及总财产损失对作物产量造成的潜在损失相对较小，导致每公顷耕地上所有作物的平均产量损失（LOL）（表 2.8）。收获面积的结构（以百分比表示）和种植

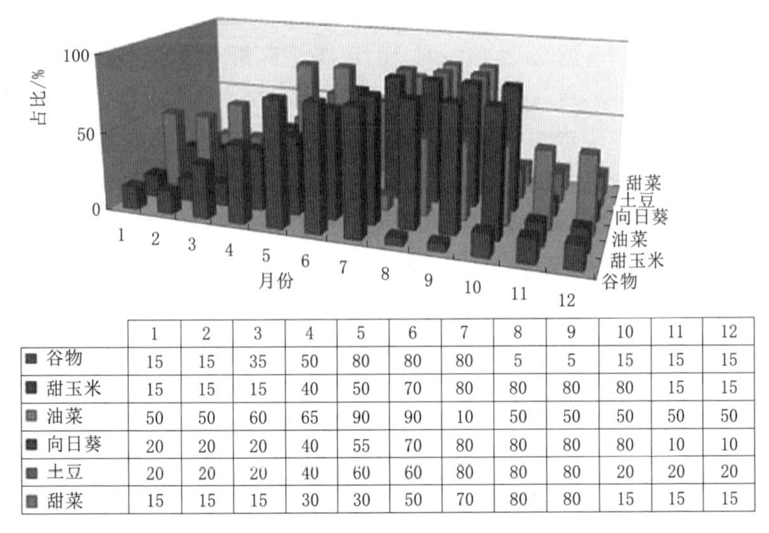

	1	2	3	4	5	6	7	8	9	10	11	12
■ 谷物	15	15	35	50	80	80	80	5	5	15	15	15
■ 甜玉米	15	15	15	40	50	70	80	80	80	80	15	15
■ 油菜	50	50	60	65	90	90	10	50	50	50	50	50
■ 向日葵	20	20	20	40	55	70	80	80	80	80	10	10
■ 土豆	20	20	20	40	60	60	80	80	80	20	20	20
■ 甜菜	15	15	15	30	30	50	70	80	80	15	15	15

图 2.3　一年中不同月份选定作物类型的潜在洪水损失占种植成本的百分比（根据 Drbal，2008；Horský，2008）

成本（以欧元/hm^2 表示）数据来自农业和粮食经济研究所。不断增长的成本代表了 2012 年的直接成本。

2.1.2　环境破坏

在评估洪水和环境破坏的影响之前，需要确定研究区域的目标和基本立法。斯洛伐克在自然和景观保护领域最重要的立法文件是有关自然及景观保护的第 543/2002 号法律，该法律经修订后，用于维护地球上生活条件和生命形式的多样性。根据本法，保护自然和景观意味着限制一些干预措施，并消除此类干预措施的后果，这些措施可能降低其生态稳定性危及或破坏生命状态和形式、自然遗产和国家的面貌。在自然保护领域成为欧洲联盟成员的一个条件是建立 NATURA2000 系统。NATURA2000 是根据共同标准宣布的保护区网络的名称，它使欧盟最稀有和最濒危的植物、动物和某些栖息地受到保护。欧盟的两项指令规定了研究区的指定标准以及物种和栖息地清单。一项是理事会关于保护自然栖息地和野生动植物指令 92/43/EEC（栖息地指令），另一项是关于保护野生鸟类的理事会指令 79/409/EEC（鸟类指令）。这两项指令仍然是世界上最全面的自然保护法律规范。

“环境损失”是指对环境造成的损失，涉及与洪水有关的各种不利影响。根据修订后的有关环境损失的预防和补救第 359/2007 号法律，环境损失涉及以下内容：

● 受保护物种和栖息地严重影响其已有或维持的保护程度，但根据特别法规，经营者过去经允许的行为造成的不良影响除外。

● 对水的生态、化学或数量状况或水域的生态潜力产生严重不利影响的水，但特定法规中规定的不利影响除外。

● 由于直接或间接地将物质、制剂、生物体或微生物排放至土壤或底土而对土壤造成的土壤污染，造成严重的不良影响风险。

在评估对环境造成损失时，有必要首先决定是否进行损失量化。在损失较低时，损失评估通常耗时且成本高昂，因此量化此类损失的成本可能超过实际损失。

2.1.2.1 计算环境损失的数据依据

在从自然界洪水破坏的角度评估环境损失时，研究区域内的个别潜在污染源以及其来源信息尤为重要。

常用数据库如下：

（1）市政/城镇计划。

（2）潜在污染源（点、面）地图。

（3）点污染源数据库（MoE SR2009c）：

1）KV-ENVIRO，记录了超过 13004 个潜在污染源（该数据库的基础是 GEOENVIRON 数据库），其中包含 9177 个潜在的污染点源，具体可分为 2279 个站点、6938 个垃圾填埋场和其他污染源。

2）环境负荷登记系统（REB）是信息系统的一部分，该信息系统是在斯洛伐克环境负荷系统识别项目内建立的，它包含 1819 个站点，分为 3 个部分：

可能的环境负担（A 部分）878 个地点；环境负担（B 部分）257 个地点；消毒和回收的环境负担，即已经采取或正在实施的措施以减少污染风险的污染修复的污染源（C 部分）。

3）污染源综合监测（IMZZ）数据库，其中载有危险物质的污染源，根据国家水务局规定，有责任监测其对地下水的影响。这个数据库自 2007 年开始构建。

2.1.2.2 基本理念

环境损失评估的基本理念是，环境的所有三个评估组成部分（受保护的生物群落、水和土壤）都可能因潜在污染源释放的各种有害物质而受损。在这里着重对水质加以介绍。

洪水期间水质的变化取决于水流的流向。在大多数洪水情况下，水质的变化分为两个阶段（Ríha 等，2005）：

- 在第一阶段，污染的过程取决于洪水波的转变。物质浓度的变化由横截面速度和流速给出，描述了水流的输送能力，而水的体积则描述了稀释率。
- 在第二阶段，或流量减少阶段，河流水质受到废水处理厂和工业污染源耗竭的影响。

洪水发生时，对水质影响最大和最常出现的物质如下（Ríha 等，2005）：

- 石油物质可引起皮肤病，如湿疹、过敏或严重损害肝脏，该类污染通常来自工业仓库。
- 二噁英是致癌物质，严重损害肝脏和神经系统，大多来源于化工企业。
- 硝酸盐与红细胞结合，来源于遍布田野的水。
- 粪便细菌会导致皮疹和溃疡等皮肤病，引起发热和消化问题，来源于洪水泛滥的污水处理厂和下水道管网。
- 汞是一种剧毒且危及生命的金属，其主要来源是化工企业。
- 来自死亡动物的微生物会引起土拉菌病和腹泻。
- 钩端螺旋体病的细菌会引起消化问题、头痛和肝损伤。

洪水的其他严重后果是农业和森林土壤的退化，坡地土壤减少以及沟壑和洼地的形成。由于洪水泛滥，原始腐殖质层与砾石、沙子层以及其他漂流物质重叠。侵蚀和堆积进一步引起土壤的结构变化，从而加剧了土壤物理和化学物质的破坏。对土壤覆盖的最大破坏往往发生在溪流的山谷部分，这会导致水流受阻；如果发生在溪流的上游，洪水会导致整个土壤生产层的退化。洪水对土壤性质的影响在流域的中下部最为常见，这主要是由于额外沉积物、化学成分的产生。

洪水对环境的破坏或影响分为四类：边缘影响、次要影响、中间影响和主要影响（见表 2.11）。首先需要对影响水质的潜在污染源进行分类。目前，斯洛伐克没有完整的污染台账；因此，针对这项工作的需要，我们制定了一份提案，将不同的污染源分为两大类：

（1）点源污染：存在有害物质的工厂、污水处理厂、加油站。

（2）面源污染：垃圾填埋场、尾矿、没有污水处理系统的居民区、农业、环境负荷。

淹没污染源，埋在土壤里的污染物可能会泄漏和浸出，从而造成地表水和地下水的水质恶化，这些土壤可能导致更为严重的生态灾难，如破坏动物的栖息地、引发流行病等。地下水作为饮用水来源的重要组成部分，也会受到非常严重的、长期的破坏。下一节将介绍各个污染源。

A. 点源污染

A.1　存在有害物质的工厂

在洪水期间，化学工厂和工业工厂的危险物质可能会泄漏。根据第 277/2005 号法律（修订了关于预防重大工业事故的第 261/2002 号法律），存在有害物质的工厂根据选定有害物质的总量进行分类。在本工作中，考虑了对环境有害的化学品和化学制剂。根据经修正的关于化学物质和化学制剂的第 163/2001 号法律（第 405/2008 号法律），该法第 1（o）款所指的物质和制剂是指，如果排放到环境中可能对环境的一个或多个组成部分构成立即或潜在危险的物质和制剂。危险物质和制剂的特征在于具有一种或多种危险特性，这些特性在指令 67/548/EEC 中规定的条件下被归类为 R 短语。

可能造成环境损害的物质和制剂的指定如下：

- 对于水生环境：

R50：对水生生物毒性很大；

R51：对水生生物有毒；

R52：对水生生物有害；

R53：可能在水生环境中造成长期不利影响。

- 对于非水生环境：

R54：对菌群有毒；

R55：对动物有毒；

R56：对土壤生物有毒；

R57：对蜜蜂有毒；

R58：可能对环境造成长期不利影响；

R59：对臭氧层有害。

还有特定风险的组合：

R50/53：对水生生物毒性很大，可能对水生环境造成长期不利影响；

R51/53：对水生生物有毒，可能对水生环境造成长期不利影响；

R52/53：对水生生物有害，并可能对水生环境造成长期不利影响。

图 2.4　对环境有害物质的标示

根据《全球化学品统一分类和标签制度》（GHS），图 2.4 所示的标记是对环境有害的物质。

根据第 277/2005 号法

律，存在有害物质的公司根据企业中存在的危险物质总量分为A类或B类。在此背景下，企业可根据对环境产生危害的阈值对物质进行划分。具体来说，它们是R向量：R50和R51/53（见表2.9）。这一阈值根据相关法律制定。

表2.9 选定危险物质的危险特性类别（第277/2005号法律）

所选危险物质的分类	分类	
	A	B
	阈值/t	
R50：对水生生物具有剧毒的物质	100～200	≥200
R51/53：对水生生物长期造成不利影响的物质	200～500	≥500

A.2 污水处理厂

在洪水发生时，污水处理厂的污泥和未经处理的废水均会外流，因此，污水处理厂也是一个重要的污染源。根据关于洪水的第364/2004号法律（经修订成为第384/2009号法律），污水处理厂是一套设施，用于在污水和特殊水排放到地表水或地下水之前，或其他用途之前对其进行处理。

在这项工作中污水处理厂分离污水的一个决定性指标是EP（等效人口）产生的污染量，它代表可生物降解的有机污染物的量，用BOD_5表示，相当于每个居民每天产生等效60g BOD_5（第384/2009号法律）。

根据EO的要求，污水处理厂（WWTPs）可分为以下四类，以满足本工作的需要：

- ＜2000EP；
- 2000～10000EP；
- 10000～100000EP；
- ＞100000EP。

A.3 加油站

其他点源污染包括位于河道附近、洪泛平原上的加油站。在加油站发生洪水期间，燃料（汽油、柴油）泄漏，从而对环境造成损害，特别是石油。燃料对水生生物有毒，并可能在水生环境中造成长期不利影响。

B. 面源污染

B. 1　垃圾填埋场

垃圾填埋场属于面源污染。当垃圾填埋场被淹没时，其中的废物将排放并扩散到周边地区。根据经修订后的第 409/2006 号法律，垃圾填埋场就是垃圾处理场，废物永久沉积在地面或地下。垃圾填埋场也被认为是垃圾生产者在生产现场（内部垃圾填埋场）进行废物处理的地方，以及持续超过 1 年的垃圾临时储存场所。根据储存的材料，垃圾填埋场分为：

- 惰性废物的垃圾填埋场；
- 非危险废物填埋场；
- 危险废物填埋场。

危险废物是指具有第 409/2006 号法律的附件所列一种或多种危险特性的废物。在第 409/2006 号法律关于废物和某些其他法律的修正案第 4 条，给危险废物分配了的相应代码，这些代码为 H1～H13，其中包括具有爆炸性、液体可燃性、固体可燃性、物质自燃能力、物质或废物与可燃气体接触时释放的能力、氧化能力、有机过氧化物的热渗透性、急性毒性、传染性、腐蚀性、物质或废物通过与空气或水接触释放有毒气体的能力、化学毒性、生态毒性以及物质在处理后释放其他物质的能力，以及具有上述某些特征的物质。

B. 2　尾矿

尾矿也是面源污染，根据经修订的关于填埋场费的第 17/2004 号法律，尾矿是指由堤坝系统保护的空间，主要用于液压输送的废物（污泥）沉积于此，但不包括沉积采矿污泥的尾矿。

稳定污泥的定性和定量组成取决于排放到处置系统中的废物的质量以及处理技术。因此，污泥中的重金属含量经常超过极限浓度且不可降解，并通过土壤—植物链直接威胁环境和人类健康。

B.3 没有下水道系统的居民区

对于没有下水道系统的居民区来说，被淹没的化粪池和污水池是一种威胁，它们也属于面源污染。化粪池和污水池是指排放废水的容器，建造这些容器通常因为居民的废水不能排放到公共下水道系统，或无法在单独的小型污水处理厂处理这些废水。

由于居民区与公共下水道系统相连，根据没有下水道系统的居民区人口占总人口的百分比，该污染源分为以下三类：

- 总人口的 0～40%未连接到公共下水道系统；
- 总人口的 40%～60%未连接到公共下水道系统；
- 总人口的 60%～100%未连接到公共下水道系统。

B.4 农业

农业污染源主要是指农药和氮肥广泛使用，引起的环境富营养化。自 2004 年以来，斯洛伐克农药和氮肥等的总消费量略有上升。可耕土地占洪泛区总面积的百分比用于确定这一扩散污染源的子类别。

B.5 环境负荷

根据第 384/2009 号法案，环境负荷（EB）定义为：除环境损失外，人类活动造成的污染，对人类健康或环境、地下水和土壤构成严重威胁。工业、军事、采矿、运输和农业活动污染了很多地区，这反过来又增加了土壤、岩石和地下水的污染，这不仅是因为洪水，还是因为废物处理不当造成的。根据环境部门户网站上列出的环境负荷登记册，环境负荷分为以下三类：

- 可能的环境负荷（记为 A）；
- 确认的环境负荷（记为 B）；
- 清理/回收的场地（记为 C）。

表 2.10 显示了各个污染源的点分类，并为其分配了表明各子类别重要性的权重。

在确定点分类时，采用了相反的顺序，即值 5 表示洪水发生时污染的最大威胁。同样地，归一化的部分类别的各个权重之和等于 1，这个权重根据专业判断进行确定。

表 2.10 每类污染源点数分布

类型	污染源	污染源类别	点数分布	权重
点源污染				
A1	存在有害物质的企业	未分类	5	0.2
		A		0.3
		B		0.5
A2	污水处理厂	高达 2000EP	5	0.14
		2000～10000EP		0.21
		10000～100000EP		0.29
		100000EP 以上		0.38
A3	泵站	—	3	1
面源污染				
B1	垃圾填埋场	惰性废物填埋场	5	0.12
		非危险废物填埋场		0.29
		危险废物填埋场		0.59
B2	尾矿		3	1
B3	没有下水道系统的居民区	占总人口的 0～40%	4	0.12
		占总人口的 40%～60%		0.29
		占总人口的 60%～100%		0.59
B4	农业	0～40%的洪水区域	3	0.12
		40%～60%的洪水淹没面积		0.29
		60%～100%的洪水淹没面积		0.59
B5	环境负荷	可能的环境负荷	3	0.29
		已确认的环境负荷		0.59
		消毒/回收场地		0.12

总体影响（见表 2.11）定义了负面环境影响，其计算方法是：给定的洪水概率乘以相应的权重，前者代表在洪水地区发现的个别污染源所指定的点的总和。

表 2.10 说明了环境损失所导致的后果程度，以及结果水平

的相关分值。总分范围由表2.10所示的上述类别的所有可能组合确定。组合数量等于利用四分位数方法（Zeleňáková等，2012）将结果分解为每个水平的四个点的范围。

计算得到的结果即为洪水期间所有污染源进入环境风险计算所确定的威胁。

表2.11　Zvijáková修改的结果类别（2013）

结果级别	总体影响	结果	效果说明
1	0～6.85	边缘的	环境退化极小或无
2	6.86～12.25	次要	对生物群落的干扰，这种干扰是可逆的，在时间和空间上，或在受影响的个体/种群数量上受到限制
3	12.26～17.65	中间	广泛但可逆或严重程度有限的生物群落干扰
4	17.66～25.03	主要	对整个生态系统、群落或整个物种的广泛生物和物理破坏，随着时间的推移而持续存在或不易逆转

2.1.3 人员伤亡

计算洪水造成的人员伤亡（LOL）的提议基于以下假设：物质损失、受洪水影响的人数和洪水造成的生命损失之间存在某种依赖性（相关性）。这些损失主要是由于信息和预警系统的故障，或个人缺乏防洪意识。洪泛区的死亡人数主要取决于居住在该地区的居民人数。死亡的直接原因还可能包括洪水因素，如第1.4节中提到的洪量和洪峰。其他地形因素也可能造成影响，例如洪水造成的建筑物倒塌等（捷克农业部，2004）。

在以下小节中，将介绍这部分损失所需要的数据库清单和确定人员伤亡程序。

2.1.3.1 用于计算人员伤亡的数据来源

为了解决洪水对人类的负面影响和人员伤亡问题，有必要分析个别历史洪水事件。已有资料表明，人们特别关注近年来（1997—2012年）斯洛伐克境内发生的洪水。在选择研究时段时，考虑到1976—1995年期间斯洛伐克发生的洪水损失，该现象与降水活动减少直接相关（MoE SR2010a，b，c，d），因此，研究时段的选择也受到资料有效性的影响。

由于每年都有大量的洪水事件，因此本书仅针对每年主要的洪水事件进行介绍。每一小节都简要地描述了这些洪水的发展过程。表2.12显示了每年死亡人数、受洪水影响的居民以及总损失。一些物质损失按当前汇率转换为欧元。这是1997—2008年的损失，当时斯洛伐克的官方货币是斯洛伐克克朗（SKK）。获得的信息用于确定和校准估计人员伤亡的关系。

表2.12　斯洛伐克1997—2012年的洪水事件列表

洪水发生率（年份）	受洪水影响的居民/人	死亡人数/人	总损失/欧元
1997	—	1	56482274
1998	10850	47	33208923
1999	—	1	152427737
2000	—	0	40967636
2001	—	1	65081126
2002	5881	1	50644394
2003	1844	0	1457412
2004	12434	2	34913497
2005	2411	0	24045975
2006	3927	1	47898427
2007	2277	0	3637290
2008	10742	2	39616672
2009	6998	3	8417060
2010	44380	4	480851663
2011	2029	0	20100000
2012	140	0	2435268
合计	103913	63	1062185353

(1) 1997 年的洪水。1997 年的洪水影响范围广泛、持续时间长，在很大程度上影响了斯洛伐克的大部分集水区。7 月 5 日至 9 日，该地区遭遇强烈风暴，日降雨量为 100～150mm。由于异常的降水活动，多瑙河、摩拉瓦河、瓦河、霍纳德河及其支流的水位上升，洪峰流量从 Q5 到 Q50 不等（Abbafy，2006）。

(2) 1998 年的洪水。1998 年的洪水主要发生在斯洛伐克东部。第一次洪水主要由强降雨导致，发生在 4 月和 5 月；第二次洪水从 7 月 10 日持续到 8 月 31 日，有几个阶段是由当地风暴和强降雨造成。伦茨伊绍夫、乌佐夫斯克佩克拉尼、亚罗夫尼采、杜波维纳和萨比诺夫等城市均有重大的财产损失和人员伤亡。10 月 2 日至 12 月 2 日发生了更多的洪水。乌河和莱卡罗夫采的情况尤其严重（MoE SR2011a，b）。

(3) 1999 年的洪水。在 3 月初天气变暖之后，积雪迅速融化，导致邻近地区洪水泛滥而形成冰桥。在 6 月和 7 月，斯洛伐克共和国遭受了反复和极端降雨的袭击，伴随着风暴活动。这些洪水分几个阶段发生（Abbafy，2006）。

(4) 2000 年的洪水。2000 年春季的洪水从 2 月 1 日持续到 5 月 16 日，袭击了南部的基苏卡河，西南部的尼特拉河，尤其是斯洛伐克的东部。过量的雪水储备极大地促成了蒂萨匈牙利部分历史性洪水的发生；斯洛伐克的洪水情况在 4 月的前 10 天达到顶峰。在提萨河、鲍德罗格河和拉托里卡河，洪水持续了近 3 个月，在提萨河和鲍德罗格下游出现多个洪峰，超过了百年一遇的水位（Abbafy，2006）。

(5) 2001 年洪水。2001 年，第一次洪水发生在 1 月 9 日至 16 日，当时需要连续排涝。3 月 5 日，随着乌河水位急剧上升，开始大规模泄洪，预计将达到历史最高水平；7 月下旬，斯洛伐克北部和东北部的严重风暴活动导致当地小溪流水位急剧上升，造成人员伤亡和巨大财产损失（Abbafy，2006）。

(6) 2002 年洪水。2002 年，洪水多次袭击斯洛伐克共和国，几乎所有流域（多瑙河、瓦河、赫龙河、博德罗格河和霍纳德河流域）都发生了洪水。由于 8 月 13 日之前多瑙河流域降水异常，水位急剧上升，多瑙河以及摩拉瓦河和瓦河的回水区的洪水形势十分严峻（MoE SR，2002a）。

（7）2003 年洪水。2003 年，斯洛伐克在冬季和春季发生了几起特大洪水事件。由于 1 月的突然变暖和强暴雨、降雪，水位上升；昼夜的温度波动导致摩拉维亚河、波普拉德河和霍纳德河上游形成冰层运动和冰障。除此以外，夏季多瑙河、瓦赫盆地、博德罗格盆地和霍纳德盆地也发生了洪水（MoE SR，2003a）。

（8）2004 年洪水。与前一年相比，2004 年 1 月至 8 月期间，斯洛伐克的洪水活动再次增加，总共记录了 111 天的洪水，其中大部分洪水发生在斯洛伐克东部。极端降雨或暴雨导致局部洪水。7 月和 8 月，斯洛伐克东部因降雨而发生区域性洪水（MoE SR，2004a）。

（9）2005 年洪水。2005 年 2 月，斯洛伐克东部由于降雪和降雨发生了春季洪水。在接下来的几个月里，暴雨和局部暴雨主要影响了斯洛伐克东部、中部南部和西北部。水位上升最为显著的地方是尼特拉、日塔瓦、贝布拉瓦、克鲁皮尼察和什蒂亚夫尼察以及其他较小的溪流（MoE SR，2005）。

（10）2006 年洪水。1 月初，出现了强降雨或混合降雨，并伴随气温轻度变暖。融雪导致河道流量大幅增加，从而导致洪水泛滥。在斯洛伐克中部河道的上游，也出现了冰凌现象，2 月、3 月和 4 月也发生了洪水。在 3 月下旬，降雨和大量的融雪导致水位上升，尤其是在摩拉瓦河、多瑙河、瓦河、博德罗格河、霍纳德河和博德瓦河等流域。4 月和 5 月降水量增加导致摩拉维亚和米贾瓦水道水位上升以及扎霍尔斯克纳季纳和奥斯特罗夫的水位上升（MoE SR，2006a）。

（11）2007 年洪水。2007 年 2 月，强降雨导致乌克兰西部水位上升，拉托里卡和博德罗格也受其影响导致水位上升；在夏季，洪水的发生主要是由于极端强降雨；9 月上旬极端剧烈的降水导致多瑙河的水位和基苏卡溪流及其支流的水位上升，进而形成洪水（MoE SR，2007a）。

（12）2008 年洪水。2008 年，洪水主要发生在 1 月、3 月、4 月和 9—12 月，最严重的洪水发生在 7 月和 8 月。受影响最严重的河流包括巴尔杰约夫、斯维德尼克、斯特罗普科夫、普雷绍夫、萨比诺夫、凯日马罗克和斯塔拉卢博夫纳等地区的托普拉河、翁达瓦河、托里萨河、赫尼莱茨河和波普拉德河。7 月 23 日至 24 日，发生了最严重的洪水（MoE SR，2008a）。

（13）2009 年洪水。尽管二级和三级洪水的报道数量相对较多，但与前几年相比，2009 年的洪水并没有对财产造成特别严重的影响，其中最大损失是 3 人丧生（MoE SR，2009a）。

（14）2010 年洪水。2010 年的洪水主要发生在 5 月和 6 月，其范围是前所未有的。自从系统地组织和跨部门协调防洪工作开始以来，还没有哪一年在 8 个月（243 天）内有 206 天被宣布为二级或三级洪水活动（占整个周期的 85%），洪水几乎影响了斯洛伐克的所有地区（Gaňová 和 Zeleňáková，2012）。从年初到 8 月 31 日，斯洛伐克记录并核实总计为 3.37 亿欧元的洪灾损失。经过上半年的极端潮湿天气之后，洪水仍在继续，虽然没有达到之前的水平，但仍然受到了上半年异常潮湿的影响，水饱和的流域对相对较小的降水异常敏感（MoE SR，2010a，b）。

（15）2011 年洪水。在调查过程中未发现 2011 年的洪水的相关报告，因此只对可获得信息的洪水的后果进行了评估。

（16）2012 年洪水。2 月 24 日，因 3 月初积雪融化，几条溪流的变暖，导致冰障和水位上升；在 4 月初开始逐渐形成洪水，从 5 月 1 日至 8 月 31 日，共有 30 次洪水的相关报告（MoE SR，2012a，b）。

2.1.3.2 洪水情况总结

从上述洪水分析中可以看出，在过去 10 年中，斯洛伐克受到不同程度的洪水活动的影响。1981 年至 1994 年的干旱期后，斯洛伐克共和国境内的降水增加，对 1996 年以后的洪水发生率增加产生了重大而直接的影响。2000—2010 年，斯洛伐克的总降水比1981—1990年高出近150mm。对1993—2008年实测水文资料的分析表明，斯洛伐克共和国境内的土壤持水量增加，地下水资源得到补充，蒸发量也相应增加（MoE SR，2010a，b，c，d）。洪水的后果表明，社会很容易受到洪水的影响。表2.12概述了1997—2012年期间洪水对斯洛伐克人口和资产造成的影响。

从表2.12可以看出，重大洪水事件记录单个洪水事件中，没有出现人员伤亡的例外情况（1997年、1998年、1999年、2001年、2002年、2004年、2006年、2008年、2009年和2010年）。在评估的16年中，7年内没有发生死亡人口（2000年、2003年、2005年、2007年、2011年和2012年）。2010年是最严重的洪水，由于其范围之广，物质损失严重，估计损失达480851663欧元。就伤亡人数而言，最严重的洪水发生在1998年，造成了多达47人的死亡。

表2.12是根据洪水管理报告附件中的数据处理的，发布在斯洛伐克环境部网站上。

2.1.3.3 基本理念

估算洪水所造成的人身损失关系基于以下假设：物质损失、受洪水影响的人数、洪灾死亡人数三者之间存在某种相关性。这种关系的设计和校准是基于上一节介绍的1997—2012年斯洛伐克共和国发生的洪水的可用数据。

通过多维相关分析，验证了个体因素（受洪水影响的人口数量、经济损失和实际生命损失）在关系设计中的功能依赖性。在最后一步，提出了一个计算洪水造成的人员伤亡的一般关系。

2.1.3.4 功能依赖关系分析

如上所述，估算洪灾造成人员伤亡（LOL）的关系是基于这样的假设：物质损失、受洪水影响的人数和洪水造成的人员伤亡之间存在某种依赖性（相关性）。

验证单个因素的功能依赖性，就要采用多维相关分析进行人员伤亡计算的关系设计。

多维相关分析是由所有统计方法组成的，这些方法可以同时对相关多个变量进行分析。其目的是理解或确定变量之间的关联关系，以及它们相互影响的原因和不同方式（Hair，1998）。

相关系数衡量两个变量之间的统计相关性。相关系数值在0～1的范围内。当相关系数接近1时，两个变量的相关性更高。然而，相关系数的解释也取决于其所在范畴；例如，使用精密测量仪器验证物理定律的值时，0.8的值非常低，而在社会科学中，这个值又非常高。

相关系数的值可以按四个显著性程度进行分类（Penja 和 Dobos，1991），见表2.13。

表2.13　相关系数的显著性程度

显著性程度	相关系数范围
中等	0.3～0.5
显著	0.5～0.7
高	0.7～0.9
非常高	0.9～1

根据计算得出人员伤亡与经济损失的相关系数为0.667，人员伤亡与受洪水影响人口数量的相关系数为0.783，表明洪水灾害指数具有明显的高度依赖关系。下一步是验证依赖关系的类型。

2.1.3.5 验证线性相关性

选择回归分析验证相关类型。配对回归分析检验两个变量（例如，人的体重和身高）之间的线性相关性。两个变量之间的共同可变性份额由确定系数（相关系数的平方）表示，该系数受两个方向极值（异常值）的强烈影响。因此，在这两种情况下，都不包括1998年的洪水事件，该事件记录了极端的死亡人数（47名受害者）。单一极端可以显著减少强烈的相关性，但也可以在没有关系的情况下产生强烈的相关性。

2.1.3.6　经济损失和人员伤亡的相关性

图 2.5 说明了 15 起监测的洪水事件对经济损失和人员伤亡的相关性。

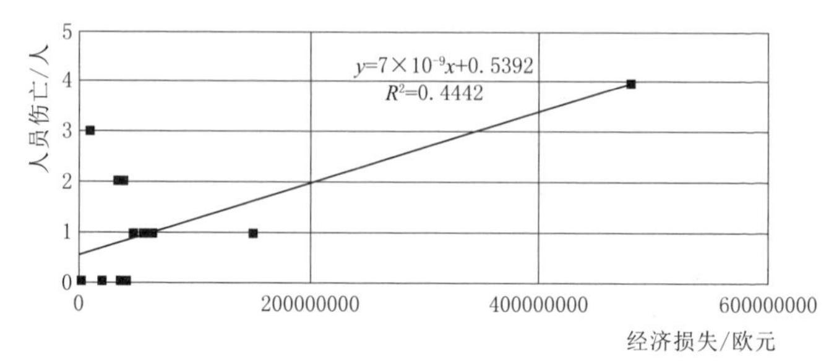

图 2.5　洪水事件洪灾损失与伤亡人数的相关关系

从图 2.5 可以清楚地看出，所研究的变量（经济损失和人员伤亡）之间存在线性关系（回归线）。确定系数等于 0.4442，这意味着相关系数 R 等于 0.666，说明相关性显著（见表 2.14）。

表 2.14　按相关关系计算的结果与实际受害者人数的比较

发生洪水的年份	真正死亡人数/人	经济损失/百万欧元	受灾人数/人	公式计算结果	绝对误差（一）	相对误差/%
2002	1	50.6443936	5881	0.697984026	−0.30202	
2003	0	1.4574122	1844	0.380866009	0.380866	
2004	2	34.9134967	12434	1.931205078	−0.06879	
2005	0	24.0459746	2411	0.307530428	0.30753	
2006	1	47.8984266	3927	0.386161924	−0.61384	
2007	0	3.63729005	2277	0.438152003	0.438152	
2008	2	39.616672	10742	1.607962661	−0.39204	
2009	3	8.41706	6998	1.205478335	−1.79452	
2010	4	480.851663	44380	4.014366142	0.014366	
2011	0	20.1	2029	0.272198395	0.272198	
2012	0	2.43526839	140	0.083586714	0.083587	
合计	13			11.32549172	−1.67451	12.8808
平均	1.182			1.029590156	−0.15223	12.8808

2.1.3.7 受洪水影响者的相关性和人员伤亡

图 2.6 显示了受洪水影响的人口的相关性和 11 次监测洪水事件的人员伤亡情况。对于 1997 年、1999—2001 年的洪水事件，受影响人口的数目未有统计，因此将其排除在计算之外。

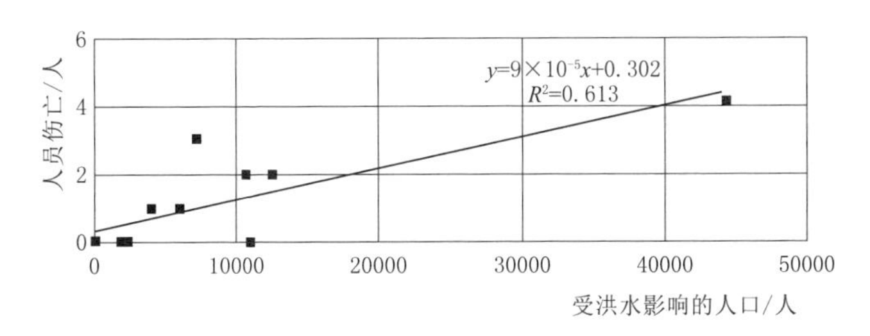

图 2.6 受洪水影响的人口与伤亡人口的相关关系

从图 2.6 中可以清楚地看出，所研究的变量（受洪水影响的人口和人员伤亡）之间线性相关。

确定系数 R^2 等于 0.613，表明相关系数等于 0.783，证实了相关性很高（见表 2.13）。

2.1.3.8 人员伤亡关系的确定

根据前文的相关回归分析，我们提出如式（2.10）所示的一般关系，用于通过多维（在本例中为二维）相关性分析计算人员伤亡：

$$y=m_1x_1+m_2x_2+b \tag{2.10}$$

式中：m_1、m_2 和 b 是未知数，在 Microsoft Excel 电子表格中计算，该表格使用最小二乘法计算并描述与指定数据最匹配的直线。y 值是独立于 x 值的函数，这些值是对应于每一个 x 值的系数。b 是常数。

将计算的系数加入到关系式（2.10）后，LOL（人员伤亡）的计算公式为

$$LOL=0.00017x_1+(-0.00752)x_2+0.078073 \tag{2.11}$$

式中 LOL——人员伤亡；

x_1——面临洪水风险的人数；

x_2——经济损失（数百万人）。

表 2.14 将关系式(2.11)估计的人员伤亡与洪水事件中实际受灾人数进行了比较。

从表 2.14 中可以清楚地看出,运用式(2.11)测算的人员伤亡与实际的值十分贴近,这在查看绝对误差时是可见的,其中仅在一种情况下绝对误差大于 1。由于 LOL 列中的更多数据等于 0,因此无法单独计算每行的相对误差,因为此误差仅在总和(平均值)中确定。这一事实记录在表的最后一列,平均相对误差不超过 13%。

2.1.3.9 洪水造成的生命损失估计

计算人类生命损失的关系中也包含了易受洪水影响的居民数量(x_1)。在给定频率的洪水条件下,所有生活在洪泛区平原上的居民都被计算在受洪水威胁的人群中。受洪水威胁人口的数量按式(2.12)计算:

$$EP=DFA \tag{2.12}$$

式中 EP——受洪水威胁的人口,人;

D——人口密度,人/hm^2;

FA——被淹没的区域,hm^2。

表 2.15 城镇人口密度(第 489/2002 号法令)

人口稠密地区的描述	人口密度/(人/hm^2)
农村定居点(最多 2000 人)	10
村庄和农村城镇的中心(2000~5000 人)	20
城镇的外部住宅部分(5000~20000 人)	30
城市(20000~50000 人)	60
城市的中央住宅区(50000 名居民)	80
边远居民区(当地居民超过 50000~100000 人)	90
中央住宅区(超过 100000 居民)	160

注 斯洛伐克的平均人口密度为 1 人/hm^2。

计算受洪水影响人数的数据,特别是人口密度数据,可从斯洛伐克统计局每 10 年进行一次的“人口和住房普查”中获得。

上一次人口普查是在 2011 年进行的。城镇地区人口密度数据见表 2.15，其中提供了关于城镇和城市居民点密度的信息，并在关于预防重大工业事故的第 489/2002 号法令附件 1 中给出。

根据洪水灾害图和洪水风险图，以及特定被淹地区和城镇街道的当地信息，再加上洪水地区和人口密度的一致性，可以更准确地估计受洪水威胁的人口数量。

2.2 确定洪水风险水平

根据选定洪水事件的已确定影响（潜在洪水损失），可以确定洪水风险的水平。一般而言，风险可以表示为不良事件发生的概率与该事件的后果的乘积。

风险＝概率×后果

风险与损失或损害、货币或物理单位（事故数量、死亡人数等）所造成的影响具有相同的维度。因此，平均年风险的计算结果仍然相同，见表 2.16。

表 2.16　根据结果表示洪水风险的方式

风险	后果	表达风险的方式
经济风险	财产损失	以货币单位（欧元）表示的风险
环境风险	环境破坏	无量纲量的环境风险程度
社会风险	生命损失	预计的人员伤亡

在计算风险时，年峰值流量的分布函数由关系式（2.13）定义（Satrapa 等，2006）：

$$F(Q_x)=\int_{00}^{Q_x} f(Q)\mathrm{d}Q \tag{2.13}$$

式中：$F(Q_x)$ 是 Q_x 的分布函数值，即给定年份不会超过 Q_x（特定重现期对应的流量）的概率。因此，年最大值的概率密度是有效的，见式（2.14）（Satrapa 等，2006）：

$$f(Q)=\frac{\mathrm{d}F(Q)}{\mathrm{d}Q} \tag{2.14}$$

洪峰概率由关系式（2.15）给出（Satrapa 等，2006）：

$$P(Q)=1-N(Q) \tag{2.15}$$

因此关系式（2.16）是有效的（Satrapa 等，2006）：

$$\mathrm{d}P(Q)=-\mathrm{d}F(Q) \tag{2.16}$$

N 年流量 Q 的重现期通过关系式（2.17）确定（Satrapa 等，2006）：

$$N(Q)=1-e^{-\frac{1}{N}} \tag{2.17}$$

$N \geqslant 5$ 年，关系式（2.18）有效：

$$N(Q)=-\frac{1}{\ln[1-P(Q)]}\cong\frac{1}{P(Q)} \tag{2.18}$$

以下章节描述了如何报告洪水造成的经济、环境和社会风险。

2.2.1 洪水经济风险

就财产损失而言，风险以经济术语表示，例如以欧元/年报告的年均洪水经济风险 ER_p。这种风险是根据式（2.19）计算的，该公式基于年洪峰流量的概率分布（Drbal 等，2008）：

$$ER_p=\oint_{Q_a}^{Q_b} D_E(Q)f(Q)\mathrm{d}Q \tag{2.19}$$

式中 ER_p——年均洪水经济风险，欧元/年；

$D_E(Q)$——经济损失或财产损失 SM 的价值，欧元；

Q——流量，m^3/年；

$f(Q)$——年峰值流量的概率密度；

Q_a——发生财产损失时的流速；

Q_b——财产损失概率接近 0 的流量。

因此，式（2.19）可用式（2.15）和式（2.18）写成式（2.20）（Satrapa 等，2006）：

$$ER_p=\int_{Q_a}^{Q_b} D_E(Q)\mathrm{d}F(Q)=-\int_{Q_a}^{Q_b} D_E(Q)\mathrm{d}P(Q)$$
$$=-\int_{a}^{b} D_E(N)\mathrm{d}\frac{1}{N} \tag{2.20}$$

式（2.20）便于数值求解。与流量相关的损失 $D_E(Q)$ 适用于重现期（N）。为了进一步推导，可以假设损坏的高度 $D_E(N)$ 与已知损失值 a 和 b 之间的间隔处返回时间的对数呈线性关系（图 2.7）。即可根据式（2.21）计算损失 $D_E(N)$（Satrapa 等，2006；Horský，2008）：

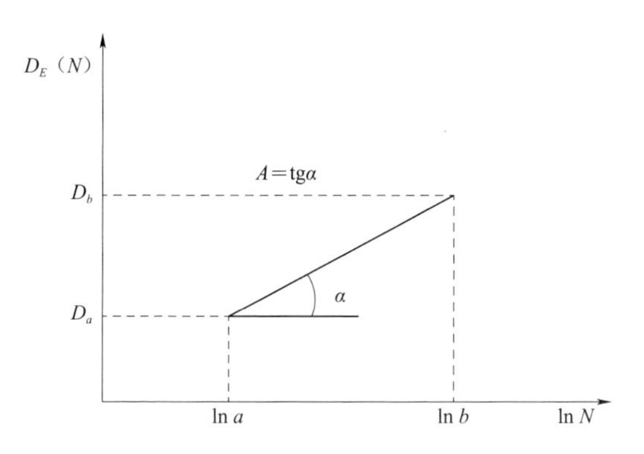

图 2.7 经济损失与重现期对数的线性关系（Horský，2008）

$$D_E(N)=D_{Ea}+A(\ln N-\ln a) \tag{2.21}$$

式中 $D_E(N)$——重现期 N 时，流量造成的经济损失；

N，a——重现期间隔的有界值。

在 x 轴上，$\ln a$ 和 $\ln b$ 的直线方向（损失梯度），根据式（2.22）计算：

$$A=(D_{Eb}-D_{Ea})/(\ln b-\ln a) \tag{2.22}$$

重现期间隔（a，b）的经济风险可以写成式（2.23）（Horský，2008）：

$$ER_{pi}=-\int_a^b(D_{Ea}-A\ln a+A\ln N)\mathrm{d}\frac{1}{N}\frac{1}{2} \tag{2.23}$$

整合后，式（2.23）的形式为式（2.24）（Horský，2008）：

$$ER_{pi}=-\frac{1}{b}[D_{Ea}+A(1+\ln b-\ln a)]+\frac{1}{a}(D_{Ea}+A) \tag{2.24}$$

根据不同重现期 $Q_{5\%}$、$Q_{20\%}$、$Q_{50\%}$、$Q_{100\%}$ 的洪水损失确定

洪水经济风险，可根据图 2.8 对求解进行分段处理。

每个区间分别设置洪水经济风险。然后，根据关系式（2.25）确定的洪水经济（财产）损失，以欧元/年为单位，通过 ER_{pi} 的各间隔的风险之和得出总洪水经济风险（Drbal 等，2008）：

$$ER = \sum ER_{pi} \tag{2.25}$$

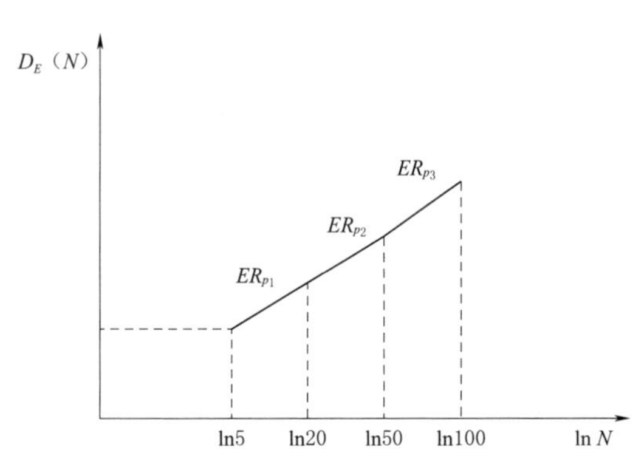

图 2.8　根据不同量级的洪水损失确定
洪水经济风险（Satrapa 等，2006）

根据计算的损失选择各个间隔，在损失开始发生的重现期内选择起始（第一个间隔），最后一个间隔可以从 Q_{ext} 中选择（以恒定值进行极端外推，至少 N=1000 或 10000），在这种情况下，发生的可能性很小，而且几乎不可能对总风险产生影响。由于对于大于 Q_{ext}（通常为 100 年，200 年）的流量，损害值没有表现出来，可以合理地假设损害值肯定小于 Q_{ext}，因此对于重现期较高的洪水，可以使用恒定值进行外推。虽然真正的风险会更大，但在所述方法的计算中这种风险的增加造成的误差可以忽略不计（通常是设计保护率不高于 Q_{ext} 的防洪工程）（Horský，2008）。

风险的现值可以通过贴现率来表示。2008 年 1 月 19 日，欧盟委员会在《官方公报》上发布了关于修订参考和贴现率设定方法的通知（OJ C 14，2008）。根据该方法，欧盟委员会将斯洛伐克的参考率和贴现率的计算基准利率设定为0.53%，自2014年1月1日起生效。根据参考利率的使用情况，相关保证金应添加到该通知中规定的基本利率中。在贴现率的情况下，这意味着增加100个基点=1个百分点（MoF SR，2013）。

贴现率代表投资者在给定风险范围内投资所需的回报率，斯洛伐克的贴现率设定为1.53%（基准利率0.53%+1%=100个基点）。

风险（资本化的风险）的现值基于为Eurydice计算（Horský，2008）定义的关系式（2.26）：

$$ER_k=\frac{ER}{DS} \tag{2.26}$$

式中 ER_k——当前洪水风险（资本化风险），欧元；

ER——每年的洪水经济风险，欧元/年；

DS——年贴现率。

2.2.2 洪水环境风险

根据计算不同重现期 $Q_{5\%}$、$Q_{20\%}$、$Q_{50\%}$、$Q_{100\%}$ 洪水，确定洪水的环境风险。

计算各重现期年平均环境风险率的公式为

$$E_nR_{pi}=\int_a^b D(Q)\mathrm{d}P(Q)\approx\sum_{j=1}^{n}\left[\left(\frac{D_j+D_{j+1}}{2}\right)(P_j-P_{j-1})\right] \tag{2.27}$$

淹没的概率由式（2.15）给出。

选择单个增量以及经济风险计算（第2.2.1节）。然后，整体环境风险由各个 E_nR_{pi} 区间的风险总和给出，由式（2.28）确定：

$$E_nR=\sum E_nR_{pi} \tag{2.28}$$

洪水造成的这种程度的环境风险使决策者可以从环境破坏的角度来评估防洪措施的必要性，也可以作为评估这方面防洪措施有效性的基础。

2.2.3　洪水社会风险

生命损失的风险用社会术语表示，即每年因洪水而死亡的平均人数。在计算年平均社会风险时，是指灾害发生的概率以及洪水对人的生命或生命损失的不利影响。因此，这种风险可以通过评估的年平均洪灾伤亡人数来量化。根据风险对人类生活的影响，将其分为个人风险和社会风险。

个人风险是指现场受影响的未受保护的人员因危险的影响而牺牲的年概率（Ríha 等，2005；Jonkman 等，2003）见式（2.29）：

$$IR = P_f P_{d/f} \tag{2.29}$$

式中　IR——个人风险；

P_f——意外事件的概率；

$P_{d/f}$——在发生意外事件的情况下，个人死亡的可能性。

如果关注的重点是某个地区和该地区的受灾人口，那么就等同于社会风险，它表示发生频率与接触危险并可能受伤或死亡的人数之间的关系。社会风险描述了整个确定地区的综合死亡人数（Ríha 等，2005）。

图 2.9 解释了个人风险和社会风险之间的区别。可见这两种情况的个人风险水平相同（IR_A，IR_B），而在情景 B 中，危险区内的人口密度较高，因此情景 B 具有较高的社会风险（Jonkman 等，2003）。

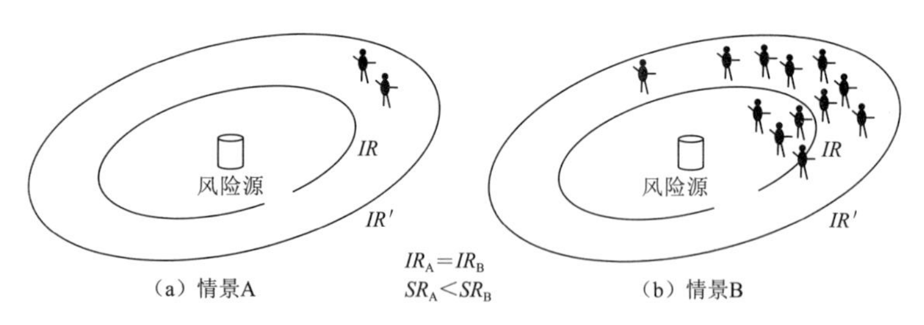

图 2.9　个人风险和社会风险之间的差异（Jonkman，2003）

从数学的角度来看，每年平均的人类生命社会风险可以用不同的方式来表示（Jonkman，2007）。

最简单的方法是根据公式（2.30）使用预期 E（LOL）的平均值：

$$SR_p = E(LOL) = \int_0^{\infty} LOL\,\mathrm{d}P(Q) \tag{2.30}$$

式中 SR_p——年平均社会风险用受害者人数表示，其中分别使用关系式（2.11）计算每年生命损失；

P——关系超限的概率。

采用式（2.31）（Vrijling 等，1995）计算每个重现期区间的年平均社会风险。

$$SR_{pi} = E(LOL)_i + k\sigma(LOL)_i \tag{2.31}$$

式中 SR_{pi}——平均每年社会风险，人/年；

$E(LOL)_i$——预计每年的受害者人数，人/年；

σ——标准偏差；

k——规避系数或风险规避系数（中立态度或风险）。

社会风险可使用关系式（2.31）进行量化，关系式为预期的年度受害者人数 $E(LOL)$ 与标准差 $\sigma(LOL)$ 乘以风险规避系数，该系数通常取值为 1～3（Vrijling 等，1995）。如果 $k=1$，则风险规避是中性的；如果 k 值为 2 和 3，则将风险规避考虑在内（Jonkman，2007）。来自荷兰的作者（Vrijling 等，1998 年）报告的数值为 $k=3$，而在捷克共和国，社会对洪水的规避系数设定为 $k=2$（Drbal 等，2011）。这种社会风险有时被称为“风险规避”（Vrijling 等，1998；Ríha 等，2005）。

计算预计年度受害者人数 $E(LOL)$ 和每个重现期间隔的关系的数值表达式如下（Brázdová，2012）：

$$E(LOL)_i = \int_a^b LOL(Q)\,\mathrm{d}P(Q)$$

$$\approx \sum_{j=1}^{n}\left[\left(\frac{LOL_j + LOL_{j+1}}{2}\right)(P_j - P_{j-1})\right] \tag{2.32}$$

指示性偏差 $\sigma(LOL)$ 根据关系式（2.33）（Brázdová，2012）计算：

$$\sigma(LOL)_i = \sqrt{\int_a^b [LOL - E(LOL)]^2 \mathrm{d}P(Q)} \approx$$

$$\sum_{j=1}^{n} \sqrt{\frac{[LOL_j - E(LOL)]^2 + [LOL_{j+1} - E(LOL)]^2}{2}} (P_j - P_{j-1}) \tag{2.33}$$

式中　LOL_j——估计的受害者人数；

Q——使用关系式（2.11）计算的流量；

P——由关系式给出的溢出概率。

选择单个增量以及经济风险的计算（第 2.2.1 节），然后根据确定的生命损失，通过个人 SR_{pi} 区间内的风险之和得出总体社会风险，单位以人/年表示：

$$SR = \sum SR_{pi} \tag{2.34}$$

确定社会风险程度有助于评估防洪措施的必要性以及生命损失。

2.3　防洪措施成效评估

防洪措施（FPM）有效性的评估主要有三种方法：在经济风险（以货币形式表示）情况下，从经济角度评估防洪措施的有效性。从环境保护角度，考虑以百分比表示的环境风险的减少。从生命保护方面，防洪措施的有效性通过可接受的社会风险水平来表达。下面介绍有效性的不同表达方式。

2.3.1　经济效益

经济效益（E）表示已实现的收益（B）与总投资成本（I）的比率（Trávnik 等，2003 年）。

定义和比较 FPM 的效益和成本，也就是成本效果，这一过程称为成本收益分析（CBA）（也称为成本效益分析或成本分析）。这一过程有助于推进决策（但不是决策过程本身）

为评估防洪措施的经济效益，可以使用包含成本和效用分析的标准参数（相对效率、绝对效率和投资回收期）（Horský，2008；Satrapa 等，2011）。

（1）相对效率（RE）反映了投资或防洪措施的相对经济效益，可以理解为表示产出与投入比率的量，在最终实施防洪措施后，其中分子的当前资本化风险降低，分母是实施防洪措施所需的成本。分母本质上表示通过实施措施来降低资本化风险的必要性。

使用式（2.35）计算防洪措施的相对效率：

$$RE=\frac{ER_k(\text{防洪措施预实施})-ER_k(\text{防洪措施实施后})}{C} \tag{2.35}$$

式中 RE——相对效率；

ER_k（防洪措施预实施）——防洪措施实现之前经济洪水风险（资本化风险）的当前值，欧元；

ER_k（防洪措施实施后）——实施防洪措施后经济洪水风险（资本化风险）的当前价值，欧元；

C——防洪措施实施的总成本，欧元。

参数 RE 值越高，反映出对预防措施投资越高。$RE>1$ 时，经济效益的评估有效，如果 $RE<1$，则无效。

（2）绝对效率（AE）是以绝对经济单位表示投资或措施有效性的参数。其值由式（2.35）计算得出：

$$AE=ER_k(\text{防洪措施预实施})-[C+ER_k(\text{防洪措施实施后})] \tag{2.36}$$

在计算相对效率时，符号的含义与符号的描述是一致的。绝对有效性表示防洪措施在财务单位中长期的财务影响。当参数值为正数时，参数值越大就意味着对防洪措施项目的投资有较高增值；当参数值为负数时，表明这是一种低效的投资或者实施这种防洪措施存在经济劣势。

(3) 投资回收期（PP）用于根据关系式（2.37）估算防洪措施在投资回收期内的经济效益：

$$PP=\frac{C}{ER_p(\text{防洪措施预实施})-ER_p(\text{防洪措施实施后})} \tag{2.37}$$

式中　PP——投资回收期，年；

C——防洪措施的总成本，欧元；

ER_p——防洪措施实现前的年均经济风险，欧元/年；

ER_p——防洪措施实现后的年均经济风险，欧元/年。

根据国内外经验，将单个防洪措施的投资回报时间与阈值进行比较，为国际范围内客观评估防洪措施提供了另一种方法。

2.3.2　环境风险可接受性

由于洪水引起的环境风险是一个无量纲变量，因此无法从环境破坏的角度来表示防洪措施的经济效率。因此，防洪措施的环境效益指的是降低环境风险（MR），通过式（2.38）以百分比计算：

$$MR=\left[100-\frac{EnR(\text{防洪措施实施后})}{EnR(\text{防洪措施预实施})}\right]\times 100 \tag{2.38}$$

式中　EnR——总环境风险。

该参数的值越高（百分比越高），意味着在环境保护方面防洪措施效率越高。

2.3.3　社会风险可接受水平

风险的可接受性主要取决于社会和政治方面，因此风险接受的阈值因国家和活动类型而异。确定这些阈值在评估和管理风险方面起着重要作用，因为这些阈值表明风险是否要降低到可接受的水平（Vrijling 等，1998）。需要特别注意的是，当风险在一定水平上能够接受时，是没有必要采取减灾措施的。

用社会风险来解释经济效率是非常复杂的，因为实际上人的生命无法用金钱衡量。因此，在设计防洪措施时必须遵守社会风险的可接受限度以减少对人员伤亡。

可接受的社会风险可以用与洪水风险相同的方式表示：通过特定地区的年平均死亡人数，或通过 F－N 图中表示的比较，F－N 图表示发生概率（F）与受害者人数（N）所表示的结果之间的相关性（Vrijling 等，1998）。

社会可接受的风险水平应基于社会风险感知模型。在确定可接受的社会风险水平时，本研究使用了 Vrijling 等（1995）确定的标准。

由此可知，可接受的社会风险水平是由国家层面确定的，并表现为

$$SR\text{accept.} = \beta M \tag{2.39}$$

式中 β——基于自愿度的政治因素（见表 2.17）；

M——每年可接受的洪水受害者的平均人数。

表 2.17　政治因素 β 的自愿度

β	自愿度	β	自愿度
100	完全自愿	0.1	不由自主
10	自愿	0.01	完全非自愿
1.0	中性		

应该注意的是，必须为每个威胁组选择 β 值，这些威胁组与威胁的关系不同。例如，救援人员和受灾居民会以不同的方式感知和承担风险。虽然救援人员自愿承担洪水破坏的风险，但洪泛区的受灾居民则面临非自愿暴露的风险。

表 2.17 显示了政治因素 β 在意愿方面的价值。

M 值因国家或地区而异。作者弗里林（Vrijling）等（1995）报告说，每年洪水造成的可接受伤亡平均人数为 100 人。这一数值综合考虑了包括诸如国家威胁的发生情况、救援系统的状况、人口的规模和密度等指标。在斯洛伐克，该值为全国范围内的立法提供了支撑。本研究中该参数依据 1997—2012 年期间洪水分析得出的实际受害者人数。具体来说，每年可接受的受害者平均人数根据布拉多瓦（Brázdová）（2012）提出的公式进行计算：

$$M = \frac{\sum_{i=1}^{16} LOL_{\text{actual}}}{\sum \text{years}} \tag{2.40}$$

式中　M——每年可接受的平均受害者人数，人/年；

LOL_{actual}——个别年份中实际受害者人数，人；

$\sum$years——分析年份之和，取值 16。

根据关系式（2.40），得出斯洛伐克洪水每年平均可接受受害者人数值为 4 人。

在确定可接受的社会风险水平时，假设所有受害者都是被动承受的，因此政治因素 β 得到的值为 0.01。斯洛伐克可接受的洪水社会风险水平的最终值是 LOL_{actual}=0.03975 人/年，计算过程见表 2.18。

表 2.18　斯洛伐克洪水可接受的社会风险（人/年）价值的计算

项　　目	受灾人数/人	分析年数
	63	16
M/（人/年）	（63/16）	
	3.9375	
政治因素 β	0.01	
βM	0.01×3.9375	
LOL_{actual}/（人/年）	0.03975	

表 2.18 中结果表示在斯洛伐克共和国境内一次洪水期间，社会风险的可接受值或可接受的年度人员伤亡。

在比较可接受的风险（$SR_{\text{accept.}}$）与年度社会风险总量（SR）时，弗里林等（1995 年）提出总风险 TR 必须满足以下条件：

$$TR < \beta M \tag{2.41}$$

为了比较斯洛伐克可接受的社会风险（$SR_{\text{accept.}}$）与年度社会风险总额（SR），假定两者存在以下关系：

$$SR < SR_{\text{accept.}}$$

$$SRp_i < \beta M$$

$$\sum[E(LOL)+k\sigma(LOL)]<0.03975(\text{人/年}) \quad (2.42)$$

通过将可接受的风险与年度社会风险总量进行比较，能够对现有状态进行评估，并确定区域是否为可接受的年度社会风险水平，即每年社会风险值小于 0.03975。如果社会风险的价值下降到不可接受的极限，也有必要提出能够降低社会风险的防洪措施。在设计防洪措施之后，需要对 SR_{accept} 和 SR 值重新进行比较，以确定年度社会风险是否会降低到可接受的水平，以及防洪措施关于保护人类生命的提案是否有效。

2.3.4 防洪措施

洪水风险管理的最后阶段是根据风险选择适当和有效的防洪措施（FPM）。然而，为特定地点选择措施也取决于其地理位置、自然条件、防洪要求、社会经济和土地所有权。构建防洪措施始终是一项基于对研究区进行详细分析的复杂活动。然而只有构建全面的防洪措施系统，才能有效减轻洪灾损失。

第 7/2010 号法律根据时间将防洪措施分为四类：汛前准备、主汛期、后汛期以及汛后。汛前准备是全面解决洪灾损失的途径，因此本章的重点主要放在汛前准备措施上。

根据其性质，进一步将汛前准备措施划分为：

- 组织措施：包括洪水预案的准备、汛前检查、人员组织和技术储备、防洪、信息系统的准备以及防汛工作人员培训。
- 工程措施：建设水工程措施提供一定程度的保护，包括水流调节、移动墙、防护墙、水库、排水渠、泵站等。
- 环境措施：接近自然的防洪措施，包括草地、湿地、洼地、小水塘和蓄滞洪区。

其中，洪水救济措施是最为最常见的、也是第 7/2010 号法律规定的强制性准备措施，这些措施是根据防洪计划制定的。措施内容由第 261/2010 号文件监管，其中详细说明了措施的内容及其批准程序。

除了严格制定防洪预案外，最有效的是技术和环境措施，能够减少洪水或峰值流速并增加河床流量。根据其功能，这些措施又可分为两组：

- 减少最大洪量的措施（圩区、流量调节、水库、障碍物和洪水波变换的划定）；
- 洪水防护措施（内陆水处理设施-建设和维护）。

在选择防洪措施之前，不仅要了解措施的成本，还要了解各种措施的基本特征、实施后对环境的影响等。现代防洪措施除了具有技术功能外，还应实现美学、园林绿化和娱乐功能。下一节中将简要介绍上述防洪措施。

2.3.4.1　圩区

圩区的主要功能是调节径流，从而减少高处洪水流量，将其限制在干圩下城区的河道内（Cihlář 等，2005； Švecová 和 Zeleňáková，2005）。圩区（图 2.10）是与水流相邻的一个自然或人为限制的空间，在洪水泛滥时，圩区具有持水作用，从而减少洪水的流量。洪峰过后圩区会逐渐排水，直至干涸（Cihlář 等，2005；Švecová 和 Zeleňáková，2005；STN 75 0120）

图 2.10　圩区

本书所述圩区的一个关键要素是构成堤坝的功能性建筑。该建筑有一个堤坝的流出口，功能的一部分是安全屏障（图 2.11），用于安全地排出那些大于堤坝出口容量的水流（Cihlár 等，2005；Švecová 和 Zeleňáková，2005）。

实现的基本条件如下（Cihlář 等，2005）。

- 实施区域的适当地貌条件；
- 解决洪泛区的管理问题，包括土地所有权；
- 以经济上可接受的范围内获得必要建设材料的可能性；
- 可能危及水质的住房、生产基地或垃圾填埋场的建筑物不得位于洪泛区。

这一措施的主要效果是降低洪峰，圩区的滞水是继发反应，这种反应可能是正面的，如抬高地下水位。但当圩堤损坏等情况造成圩区的滞水溢出时，这个反应则是负面的（Cihlář 等，2005）。

图 2.11　米亚瓦圩区

2.3.4.2 水库

水库的主要作用是蓄水（捕获和储存）以及调度和补偿流入和流出水库的不平衡量。因此，水库是由在河道上的淹没结构通过自然或人工的地表凹坑或洼地，或通过封闭部分用于蓄水和排水控制的区域而形成的空间（Cihlář 等，2005；Švecová 和 Zeleňáková，2005）（图 2.12）。

图 2.12 鲁津 I. 水库

原则上，蓄水结构的划分依据如下（Cihlář 等，2005；Švecová 和 Zeleňáková，2005）：

- 形成（天然湖泊或人工水库）；
- 与水源的位置和关系（运行，未检查和侧向）；
- 服务目的（库存、水资源利用和多用途）；
- 调节性能（多年度、年度、季节性和非常规周期）。

水库是或多或少对自然水流状态产生影响的重要元素，其设计和建造是水工程中要求最高、最复杂，也是成本最高的（Švecová 和 Zeleňáková，2005）。

建造水库的基本条件如下（Cihlář 等，2005）：

- 根据河谷形状、地质条件和漫滩地区选择合适的位置；
- 解决水库建设带来的所有影响和冲突。

水库对洪水的主要影响是峰值流量的减少和洪水坡分布更加平缓。水库不仅用于储存饮用水，还可发展旅游、水产养殖等。水库建设的不利影响是对自然环境的严重干扰，通常需要在受灾地区重新安置部分或全部居民，潜在的大坝决口也会对居民造成威胁（Cihlář 等，2005）。

2.3.4.3 河道治理

河道治理（图 2.13）涉及一系列水、森林、农业和其他条件以及流域管理措施，旨在为河道排水创造有利条件，并消除其不利影响。设计和实施河道治理的一个必要条件是评估河道状态，特别是研究区的自然组成和水流功能要求（Cihlář 等，2005；Švecová 和 Zeleňáková，2005；STN 75 0120）。

图 2.13 维德尼克村的河道治理（Zeleň áková 等，2012）

常见的河道治理流程包括（Cihlář 等，2005；Švecová 和 Zeleňáková，2005）：

- 去除阻水或易结冰的滩地；
- 将水从分支渠集中到一条河流；
- 清除不利于水流顺畅的岛屿和障碍物；
- 创建一个纵向的河道坡度，尽可能符合河床的稳定状态；
- 为渠道创建剖面，其尺寸和形状避免用此类加固材料破坏以前的水流，从而防止河岸的下沉和冲刷。

实现的基本条件如下（Cihlář 等，2005）：

- 适当的空间和坡度条件；
- 投资驱动型解决方案的现实情况（例如，基础设施网络、公路、铁路和住宅区的改造）；
- 获得土地所有权。

主要作用是增加该场地的防洪能力，对土地和土地所有权的干涉是精简的次要影响，需要严格的规划，强调环境及其多样性（Cihlář 等，2005）。

2.3.4.4　堤防

堤防（见图 2.14）是明确河流洪水流量管理空间的结构，同时在防洪系统中实现洪水线元素的功能。堤防是一种保护土地和建筑物免受高水位洪水侵袭的工程（Cihlář 等，2005；Švecová 和 Zeleňáková，2005；STN750120）。

图 2.14　翁达瓦堤坝

堤防通常建在洪泛区大而平坦且不能以其他方式降低洪峰的地方，从而防止洪水泛滥。堤防是沿着渠道或者水沟修建的墙壁或护坡，通常填充土壤或石头，以防洪水（Cihlář 等，2005；Švecová 和 Zeleňáková，2005）。

建造堤防的基本条件如下（Cihlář 等，2005）：

- 适当的空间和地质条件；
- 以经济上可接受的范围获得合适的建筑材料；
- 最大限度地减少洪水破坏；
- 获得实施建设所需土地的权利。

堤防的主要作用是增强流域防洪保护的能力，次要作用是可以更有效地利用保护区（Cihlář 等，2005）。

防洪战略必须全面考虑受保护流域的整个区域，促进各种水文活动的协调发展和管理，不仅涉及水文循环，还涉及其他环境、地方政府、立法和产权的活动。因此，有必要利用现有知识建立一个能够得到社区长期支持的防洪系统（Simonová，2012）。

参考文献

Abbafy D (2006) Floods in the Slovak Republic in 1996 - 2005 and their consequences (in Slovak). Vodohospodársky spravodajca XLIX: 3 - 4.

Act No. 163/2001 Coll. on chemical substances and chemical preparations (in Slovak).

Act No. 17/2004 Coll. on Waste Deposit Fees as amended. (in Slovak).

Act No. 364/2004 Coll. on Waters and on Amendment to Act of the Slovak National Council no. 372/1990 Coll. on offenses as amended (Water Act). (in Slovak).

Act No. 409/2006 Coll. on Waste and on amendments to certain acts. (in Slovak).

Act No. 405/2008 Amending and supplementing Act no. 163/2001 Coll. on chemical substances and chemical preparations, as amended, and on amendments to certain acts. (in Slovak).

Act No. 384/2009 Coll. amending Act no. 364/2004 Coll. on Waters and on Amendment to Act of the SlovakNationalCouncil no. 372/1990 Coll. on offenses, as amended (WaterAct), as amended, and amending and supplementing Act no. 569/2007 Coll. on GeologicalWorks (Geological Act) as amended by Act no. 515/2008 Coll. (in Slovak).

Act No. 7/2010 On protection against floods. (in Slovak).

Act of the National Council of the Slovak Republic. no. 359/2007 Coll. on the prevention and remedy of environmental damage and on amendments to certain acts. (in Slovak).

Act of the National Council of the Slovak Republic. no. 543/2002 Coll. on nature and landscape protection. (in Slovak).

Act No. Amending and supplementing Act No. 368/2013 Coll. 135/1961 Coll. on Roads (Road Act), as amended, and on amendments and supplements to certain acts. (in Slovak).

Brázdová M (2012) Estimation of loss of human life during flood (in Czech). Dissertation work, FAST VUT v Brně, Brno, p 166.

Cihlář J, Smrčka F, Hála R, Garkischová A, Fridrich J, Němec L (2005) Catalog ofmeasures - Annex D. Datasheets (in Czech). Water Management

Development and Construction, Ltd. , Prague.

Decree of the Ministry of the Environment of the Slovak Republic No. 489/2002 Implementing some provisions of the Act on Prevention of Major Industrial Accidents and on Amendments to Certain Acts. (in Slovak).

Decree of theMinistry of the Environment of the Slovak Republic No. 261/2010 Laying down details on the content of flood plans and the procedure for their approval. (in Slovak).

Directive 2007/60/EC of the European Parliament and of the Council of 23 October 2007 on the assessment and management of flood risks. (in Slovak).

Drbal K et al (2011) Risk maps resulting from flood hazard in the Czech Republic (in Czech) . Final Report. Brno.

Drbal K et al (2008) Methodology of flood risk and damage assessment in flood plains (in Czech). Water Research Institute T. G. Masaryk, Brno, p 72.

Gaňová L, Zeleňáková M (2012) Assessment of flood damages in 2010 in eastern Slovakia (in Slovak) . Řivotné prostredie 46 (2): 98 - 102. ISSN 0044 - 4863.

Hair JF (1998) Multivariate data analysis (5th ed) . Prentice - Hall Int, London atd.

Horský M (2008) Methods of evaluation of potential flood damage and their application by means of GIS (in Czech). Dissertation thesis. Prague, p 124.

Jonkman SN (2007) Loss of life estimation in flood risk assessment. Theory and applications. Disertation. Delft University of Technology, p 360.

Jonkman SN, Van Gelder P, Vrijling JK (2003) An overview of quantitative risk measures for loss of life and economic damage. J Hazard Mater 99 (1): 1 - 30.

MoE SR (Ministry of Environment of the Slovak Republic) (2002a) Report on floods on watercourses in the Slovak Republic in 2002.

MoE SR (2002b) Summary of the consequences of the 2002 floods. Annex no. 1.

MoE SR (2002c) Assessment of damage caused by floods in 2002 to property of inhabitants, municipalities, regional and district authorities. Annex no. 5.

MoE SR (2003a) Report on floods on watercourses in the Slovak Republic in 2003.

MoE SR (2003b) Summary of the consequences of the 2003 floods. Annex no.

MoE SR (2004a) Summary of the consequences of the 2004 floods.

MoE SR (2004b) Report on floods on watercourses in the Slovak Republic in 2004. Prílohač. 1.

MoE SR (2005) Report on floods on watercourses in the Slovak Republic in 2005.

MoE SR (2006a) Report on the course and consequences of floods and on the flood protection measures implemented for the period January – April 2006.

MoE SR (2006b) Overview of the consequences of the floods in January – April 2006.

MoE SR (2006c) Overview of the consequences of the floods in May – December 2006. Annex 2.

MoE SR (2006d) Quantification of the damage caused by the floods in the period January – April 2006.

MoE SR (2006e) Quantification of the damage caused by the floods in May – December 2006. Annex 9.

MoE SR (2006f) Additional assessment of the damage caused by floods to property within the territorial competence of public authorities in 2006. Annex B3.

MoE SR (2007a) Report on floods on watercourses in the Slovak Republic in 2007.

MoESR (2007b) Overviewof the consequences of the floods in 2007. AnnexA2.

MoESR (2007c) Assessment of flood damage to propertywithin the territorial competence of public authorities in 2007. Annex A8.

MoE SR (2008a) Report on floods on watercourses in the Slovak Republic in 2008.

MoE SR (2008b) Overview of the effects of the floods in 2008. Annex A2.

MoE SR (2008c) Assessment of flood damage to property within the territorial jurisdiction of public authorities during the 2008 floods. Annex A8.

MoE SR (2009a) Report on floods on watercourses in the Slovak Republic in 2009.

MoE SR (2009b) Bodva River Basin Management Plan.

MoE SR (2010a) Report on the course and consequences of floods in the Slovak Republic from 1 January to 31 August 2010.

MoE SR (2010b) Report on the course and consequences of floods in the Slovak Republic from 1 September to 31 December 2010.

MoE SR (2010c) Annex to the Report on the course and consequences of floods in the territory of the Slovak Republic from 1 September to 31 December 2010 (table part).

MoE SR (2010d) Annex to the Report on the course and consequences of floods in the territory of the Slovak Republic from 1 January to 31 August 2010 (table part).

MoE SR (2011a) Annex to the Report on the course and consequences of floods in the territory of the Slovak Republic from 1 January to 31 August 2011 (table part).

MoE SR (2011b) Annex to the Report on the course and consequences of floods in the territory of the Slovak Republic from 1 September to 31 December 2011 (table part).

MoE SR (2012a) Report on the course and consequences of floods in the Slovak Republic from 1 January to 30 April 2012.

MoE SR (2012b) Report on the course and consequences of floods in the Slovak Republic in the period from 1 May to 31 August 2012.

MoE SR (2012c) Annex to the Report on the course and consequences of floods in the territory of the Slovak Republic from 1 January to 30 April 2012 (table part).

MoF SR (Ministry of Finance of the Slovak Republic) (2013) Reference rate, discount rate and interest rates for State aid recovery.

MZe ČR (Ministry of Agriculture of the Czech Republic) (2004). Strengthening of risk analysis and determination of active zones in Czech water management.

Official Journal C 014, 19/01/2008, Communication from the Commission on the revision of the method for setting the reference and discount rates, p 6 - 9.

Penja V, Doboš J (1991) Mathematics (in Slovak) . IV Edičné stredisko VŠT Košice, p 229. ISBN 80 - 7099 - 067 - 8.

Říha J et al (2005) Risk analysis of flood areas (in Czech) . Work and studies of the Institute of Water Structures FAST VUT v Brně, Sešit 7, CERM, Brno, p 286. ISBN 80 - 7204 - 404 - 4.

RÚVZ (Regional Public Health Office) (2013) Health protection at work and new classification, labeling and packaging of chemicals and mixtures.

Satrapa L (1999) Design and use of methodology for determination of potential flood damage (in Czech). In: Flood damage - determination of potential damage caused by floods. Prague, ČVTVHS, Part 1, p 73 - 91. ISBN 80 - 02 - 01274 - 7.

Satrapa L, Fošumpaur P, Horský M (2006) Flood control measures on the Elbe - risk analysis in the localities of Děčín (left bank) and Děčín (right bank) (in Czech) . Praha, p 38.

Satrapa L, Fošumpaur P, Horský M et al (2011) Assessing the effectiveness of flood protection actions in the framework of the activities of the strategic expert of the Flood Prevention Program in the Czech Republic (in Czech). In: River Basin and Flood Risk Management 2011 - Proceedings of the scientific conference. Water Research Institute, Častá Papiernička - Bratislava.

Simonová D (2012) Environmental - technical aspects, impacts and risks of floods. Diploma thesis. TUKE. (in Slovak).

Švecová A, Zeleňáková M (2005) Water structures (in Slovak) . Technical university of Kosice, Faculty of civil engineering Stavebná fakulta, Košice, p 190. ISBN 80 - 8073 - 443 - 7.

SVP (Slovak Water Management Company) (1999) Flood protection program in the SR until 2010. Bratislava (in Slovak).

STN 73 6100 Nomenclature of roads (in Slovak).

STN 73 6101 Design of roads and highways (in Slovak).

STN 75 0120 Water management. Hydraulic Engineering. terminology. July 2004. (in Slovak).

Trávnik I, et al (2003) Economics of construction business (in Slovak), 2nd edn. Bratislava, Slovak University of Technology in Bratislava, Faculty of Civil Engineering. ISBN 80 - 227 - 1895 - 5.

UNIKA, Institute of Building Economy (2012) Proceedings of average budget price indicators per unit of measurement. Buildings and civil engineering works according to the Classification of buildings. Bratislava (in Slovak).

Vrijling JK, Van Hengel W, Houben RJ (1995) A framework for risk evaluation. J Hazard Mater 43 (3)：245 - 261.

Vrijling JK，Van Hengel W，Houben RJ (1998) Acceptable risk as a basis for design. Reliab Eng Syst Safe 59 (1)：141 - 150.

Zeleňáková M. Gaňová L，Purcz P (2012) Flood risk assessment as part of flood defence. In：SGEM 2012：12th international multidisciplinary scientific geoconference，vol 3. STEF92 Technology Ltd.，Albena，Bulgaria，p 679 - 686，ISSN 1314 - 2704.

ZvijákováL (2013) The application of risk analysis in the environmental impact assessment (selected constructions). Dissertation，Technical University of Košice. (in Slovak).

第 3 章　洪水风险管理方法在典型区的应用

本章主要介绍了第 2 章中设计和描述的洪水风险管理方法在实践中的应用。为了实际应用所选择的防洪措施，以减少洪水对人们的健康、财产和环境的潜在不利影响，本章选择博德瓦河子流域的梅泽夫镇为典型区进行研究。

作为斯洛伐克初步洪水风险评估的一部分，梅泽夫镇被评估为具有潜在重大洪水风险的地区。

3.1　洪水风险管理研究区的基本数据

梅杰夫镇位于斯洛伐克东部科希策地区的科希策周边地区。博德瓦河流经该镇，包括左岸支流斯托斯波托克（布鲁克）、波尔卡布鲁克、皮弗斯克布鲁克、兹拉特纳布鲁克，以及右侧溪流格伦特布鲁克和什乌戈夫斯科布鲁克。博德瓦、兹拉特纳和皮弗斯克布鲁克被列为国家重要河流（第 211/2005 号法令）。

由于梅杰夫镇是在对现有洪水风险地区进行初步洪水风险评估的基础上列入的，因此必须优先处理这一地区问题。有必要建立不仅在保护方面有效，而且在经济、社会和环境方面有效的防洪措施。

3.2　风险管理方法的应用

本节的目的是客观地量化当地潜在的洪水灾害和洪水风险，并根据其概率和可接受性进行分类。本节的内容如下：

（1）估计洪水对财产、环境和人类生命的潜在损害。

（2）根据评估指定洪泛区的破坏程度及其发生概率，计算洪水风险。

（3）选择具有成本效益的防洪措施（FPM），同时满足洪水导致的环境和社会风险接受水平。

从经济、社会和环境的角度出发，提出了可能的有效防洪措施。

3.2.1　潜在洪水损失的估计

根据拟议方法估计指定洪泛区潜在洪水损失，评估了三组影响（Zeleňáková 等，2017，2018）：

- 财产损失；
- 环境损失；
- 人员伤亡。

以下内容描述了梅杰夫地区各个群体的损失评估。

3.2.1.1　财产损失

按照本书提出的方法，财产损失包括三类：建筑物损害、基础设施损害和农业损害。

洪水对财产损害的量化方法基于以下程序：应用损失曲线（第 2.1.1 节）绘制洪泛区财产分布图（图 3.1），并对现场进行调研。

评估梅泽夫镇的潜在洪水管理的关键文件是 Envio 于 2013 年编制的“梅泽夫镇平面图”和斯洛伐克水环境中心提供的洪水地图。

A. 建筑物损坏

（1）梅泽夫镇建筑概况。梅泽夫镇分为住宅区和经济区两部分。在镇中心，有一座罗马天主教堂，附近有一个小公园和一个墓地。在该地区，西南和东北方向的城区明显与道路沿线的原始家庭房屋线相连，道路两侧有更多的建筑用地，继续向东北方向延伸可以看到姆拉多斯特住宅区的建筑，新住宅楼的其他部分位于教堂的南部。位于东北部的多功能文化厅和学校属于集中的市政设施区。体育和娱乐区主要位于格伦特的西部。制造业区域集中在城镇东部（Envio，2013）。

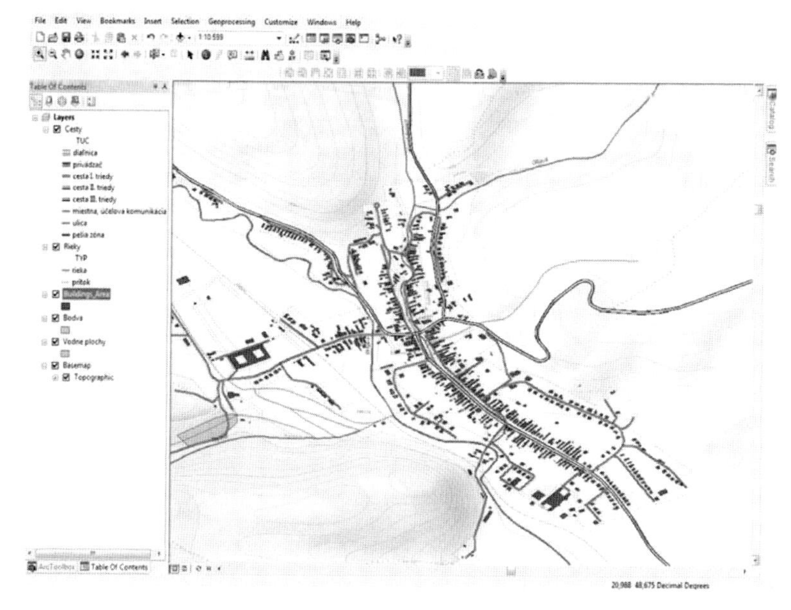

图 3.1 梅泽夫镇的财产分布（ArcGIS10 的输出）

（2）建筑物损坏计算。建筑物遭受洪灾损失利式（2.18）计算，其中总损失为单个建筑物损失的总和。对于每栋建筑物，根据建筑物的面积、洪水的深度以及单层建筑物中每平方米建筑面积的平均购买价格来计算损坏。为简单起见，根据已有的细节情况，只考虑一种类型的建筑物，假设标准楼层高度为 3m。以下是示例计算 ID 号为 1 的建筑物的最小和最大损坏（见表 3.1 和表 3.2）：

表 3.1　　建筑物在 $Q_{5\%}$ 下的最小和最大损失计算

建筑编号	深度	面积/m^2	S_i（min）	S_i（max）	C_B/（欧元/m^2）	D_B（min）/欧元	D_B（max）/欧元
0	0.0452	129	0.0285	0.0429	525.24	1933.80	2909.76
1	0.0311	181	0.0280	0.0420	525.24	2665.16	3998.66
2	0.0000	330	0.0269	0.0401	525.24	4666.15	6953.83
3	0.1003	265	0.0304	0.0463	525.24	4230.66	6431.55

续表

建筑编号	深度	面积/m^2	S_i（min）	S_i（max）	C_B /（欧元/m^2）	D_B（min）/欧元	D_B（max）/欧元
i						…	…
31	0.1945	692	0.0337	0.0521	525.24	12266.19	18922.61
32	0.0408	310	0.0284	0.0426	525.24	4617.03	6940.98
合计						109753.3	166609.4

表3.1中：

S_i(min) 最小损耗值取决于深度 h；

S_i(max) 最大损耗值取决于深度 h；

C_B 景观建筑师协会（2012年）确定的一层楼每平方米建筑面积的单位（收购）价格；

D_B(min) 计算出的建筑物最小损坏的 D_B（最小值）；

D_B(max) 计算出的建筑物最大损坏的 D_B（最大值）。

表3.2　单个 Q_N 对建筑物造成的损坏 D_B（最小值、最大值）

Q_N	建筑物损失 D_B/欧元	
	最小值	最大值
$Q_{5\%}$	109753.30	166609.40
$Q_{10\%}$	136096.50	209278.70
$Q_{50\%}$	757690.00	1178341.80
$Q_{100\%}$	838069.50	1304582.10
$Q_{1000\%}$	1121201.40	1754652.30

表3.2显示，每个 Q_N 的损失计算本身代表了大量数据，因为每个建筑物的损坏是单独计算的。因此，表3.2总结了使用关系式（2.4）和表2.3和表2.4计算的每 Q_N 建筑物总损坏（最小和最大）的结果。

B. 基础设施损害

在计算基础设施不同部分的损害时，应明确以下建筑类型。

（一）地面运输

（1）道路说明。梅泽夫镇位于II/548号二级公路沿线，该公路从西向东走向，向东通往科希策市（31km）。从Jasov村出发，另一条Ⅱ/550号二级公路向南通往博尔德沃河畔的摩尔达瓦镇（19km）。在梅杰夫镇的东部边缘，Ⅱ/548号公路上有一个交叉路口，向北连接小路Ⅲ/5483，最终与巴尼亚露西亚内部相连，位于维斯尼梅泽夫和贾索夫村庄之间。经过梅泽夫镇的Ⅱ/550号公路的等级为C7.5/70。Ⅱ/548号公路在城外状况良好，横截面相对均匀。在Ⅱ/548号公路穿过镇中心的路段，穿过一条相对狭窄的走廊，这条走廊在两侧主要是家庭住宅，但也有市政设施。Ⅱ/548号公路于2000年进行了翻新，将其提升至B2-MZ9.0/50类。车道宽度为3.50m，沥青路总宽度为7.00m+2×0.50m，包括混凝土排水带在内，即路缘之间的宽度为8.00m（Envio，2013）。

（2）道路损坏计算。根据所提出的方法，根据式（2.5），基于给定Q_N的损失成本（见表2.4），计算所有道路总淹没面积对道路造成的损失。

长度和备用宽度的乘积为每个Q_N的被淹没道路面积，因此有必要为每种类型的道路分配备用宽度。对于本地专用道路和III类次要道路，替换宽度取自表3.3，范围为24.5～7.5m。由于II类道路的宽度已知，因此在给定区域中使用实际路径宽度，即8.00m。表3.3显示了被淹没道路的总计算长度，以及相关的替换宽度和每种洪水情景的计算面积。

根据关系式（2.15）和表3.4计算对道路造成的损失。下面是计算Q_5的最小和最大伤害的示例。

表3.4总结了单个Q_N造成的道路损坏。

（二）铁路

（1）铁路运输说明。一条编号为168的单线铁路（RGT）从博尔德沃河畔的摩尔达瓦通往梅泽夫镇，通过铁路货运穿过城镇到达梅泽夫火车站，并有一条通往采石场的支线。自2003年以

表3.3 受淹路面的计算

Q_N	道路类型	长度/m	替换宽度/m	淹没面积/m^2
$Q_{5\%}$	当地专用道路	38.5	7.5	288.75
合计		38.5		287.75
$Q_{10\%}$	当地专用道路	40.00	7.5	300.00
合计		40.00		300.00
$Q_{50\%}$	当地专用道路	108.00	7.5	810.00
	Ⅱ类道路	127.00	8	1016.00
合计		235.00		1826.00
$Q_{100\%}$	当地专用道路	202.50	7.5	1518.75
	Ⅱ类道路	271.00	8	2168.00
合计		473.50		3686.75
$Q_{1000\%}$	当地专用道路	540.00	7.5	4050.00
	Ⅱ类道路	472.50	8	3780.00
合计		1012.50		7830.00

表3.4 道路基础设施造成的损失

Q_N	淹没范围/m^2	损失价格/(欧元/m^2)		由此造成的损失/欧元	
		最小值	最大值	最小值	最大值
$Q_{5\%}$	287.75	1.82	3.63	523.53	1043.16
$Q_{10\%}$	300.00	1.82	3.63	546.00	1089.00
$Q_{50\%}$	1826.00	1.82	3.63	3323.32	6628.38
$Q_{100\%}$	3686.75	1.82	3.63	6709.89	13382.90
$Q_{1000\%}$	7830.00	1.82	3.63	14250.60	28422.90

来，铁路就不再实行客运，最近的客运火车站位于博尔德沃河畔的摩尔达瓦（16km）（Envio，2013）。

（2）铁路损坏计算。这条铁路线在任何流量下都不会发生洪水，因此未对铁路的损失进行量化。

（三）基础设施网络

（1）基础结构网络说明。

1）水。梅泽夫镇有一条建于1975年的重力输水管道。水源是苏戈夫斯基山谷（Sugov Valley）的泉水，泉水通过DN200储罐输送到城镇水库。水库位于城镇南部，压力区的上限为364m，低海拔319m。在城镇的西部，Kosice集团水管在梅泽夫镇的分支上有一个污水处理厂，水源是来自该镇以西的摩尔多瓦，波尔卡和皮弗林溪流的地表水收集；另一个来源位于该镇北部的黄金谷，从那里有一条管道穿过该镇的西部，在废物处理装置上方有一个蓄水池，水从蓄水池通过700毫米的管道经由市中心输送到科希斯（Envio，2013）。

2）污水。自1994年以来，梅泽夫镇就拥有了统一的公共下水道系统。污水和雨水通过下水道网络从梅泽夫和维斯尼梅泽夫排放到位于梅泽夫东部边缘的联合污水处理厂。污水管网覆盖了城镇的中心部分和Mladost住宅区，一个由DN 800至DN 1200管道制成的“A”收集器服务于镇中心，该收集器与斯洛伐克自来水公司A. s.（VVS）科希斯（Envio，2013）管理的污水处理厂相连。

3）电力。梅泽夫镇目前由22/0.4kV配电变压器供电。变电站由高压（HV）连接供电，主要由支撑点的导体组成，由地面上的高压电缆连接供电情况较少。现有的二次低压（NN）电线通过空气导管安装在混凝土柱上，作为当地道路沿线的支撑点，中央广场在城镇周围有二级LN变电站（Envio，2013）。

4）天然气。自1995年以来，梅泽夫镇一直拥有压力等级为0.3MPa的主天然气网络。城镇客户直接从当地中压（STL）网络获得天然气，其中要么直接通过STL气体连接，要么通过中压和STL/NTL压力调节器。天然气的来源是通往梅泽夫的VTL分配管道，该管道于梅泽夫监管站（RS）相连接（Envio，2013）。

5）电信。梅泽夫镇东部地区属于技术中心，有自己的电话交换机。现有的本地电话网络（MTS）大多由斯洛伐克的主要交通路线干线组成，以及部分空中接线，安装在当地道路旁的桅杆开关板（Envio，2013）。

（2）计算基础设施网络的损坏情况。从对该地点的调查中可以清楚地看出，该镇配备了各种基础设施网络，从而计算了所有网络的潜在洪水损失。损失的量化基于淹没网络的总长度，假设它们与道路平行。基于这一点，计算基础设施的损坏时，会考虑到每个 Q_N 在洪泛区道路网络的计算长度，请参见表 3.5。

表 3.5　　基础结构网络的损失

Q_N	长度 L/m	损失价格/(欧元/m^2)		由此造成的损失/欧元	
		最小值	最大值	最小值	最大值
$Q_{5\%}$	38.50	4.84	5.74	186.34	220.99
$Q_{10\%}$	40.00	4.84	5.74	193.60	229.60
$Q_{50\%}$	235.00	4.84	5.74	1137.40	1348.90
$Q_{100\%}$	473.50	4.84	5.74	2291.74	2717.89
$Q_{1000\%}$	1012.50	4.84	5.74	4900.50	5811.75

造成的损失是根据关系式（2.7）和表 2.7 计算的，同时考虑到 D_{EN} 的平均成本。以下是计算 Q_5 的最小和最大损坏的示例：

$$D_{EN}(\min)=38.50\times4.84=186.34(\text{欧元})$$

$$D_{EN}(\max)=38.50\times5.74=220.99(\text{欧元})$$

表 3.5 给出了每个 Q_N 对基础结构网络造成的损失（最小值和最大值）的计算结果。

（四）桥梁

洪水区没有桥梁，因此未对这种建筑的损失进行量化。

C. 农业损害

在研究区的东部有大片可耕地，由 AGROMOLD，s. r. o.

博尔德沃河畔的摩尔达瓦管理，用于种植粮食作物（Envi，2013）。

在评估对农业的损害时，计算对植物生产的损害前，要确定洪涝农田面积和受损作物造成的经济损失。

根据式（2.9）和表2.8，对工厂生产造成损失（最小和最大）的计算示例如下：

$$D_{CP}(\min)=1.67\times 254.77=425.47(\text{欧元})$$

$$D_{CP}(\max)=1.67\times 1019.06=1701.83(\text{欧元})$$

表3.6显示了被淹没农田的总面积，以及单个 Q_N 对植物生产造成的损失。DCP的平均成本被考虑在内。

表3.6　　农　业　损　失

Q_N	农业用地面积 A/hm^2	损失价格/(欧元/hm^2)		由此造成的损失/欧元	
		最小值	最大值	最小值	最大值
$Q_{5\%}$	1.67	254.77	1019.06	425.47	1701.83
$Q_{10\%}$	2.29	254.77	1019.06	583.42	2333.67
$Q_{50\%}$	5.52	254.77	1019.06	1406.33	5625.32
$Q_{100\%}$	6.93	254.77	1019.06	1765.56	7062.29
$Q_{1000\%}$	9.42	254.77	1019.06	2399.93	9599.92

本节的目的是对梅泽夫洪泛平原的潜在洪水财产损失进行估计或计算（见图3.2）。表3.7列出了潜在洪水损失的值，其中分别计算了流量 $Q_{5\%}$、$Q_{10\%}$、$Q_{50\%}$、$Q_{100\%}$ 和 $Q_{1000\%}$ 的实际损失（最小值、最大值），单位为欧元。列出了每类财产的损失，以及研究区域的总损失。表3.8列出了与计算的损失相对应的洪水风险财产的范围。建筑物用潜在淹没的建筑物数量表示；道路面积用潜在受洪道路的面积表示，单位是平方米，基础设施网络用与网络平行的道路的长度表示，淹没的农田面积单位是公顷。

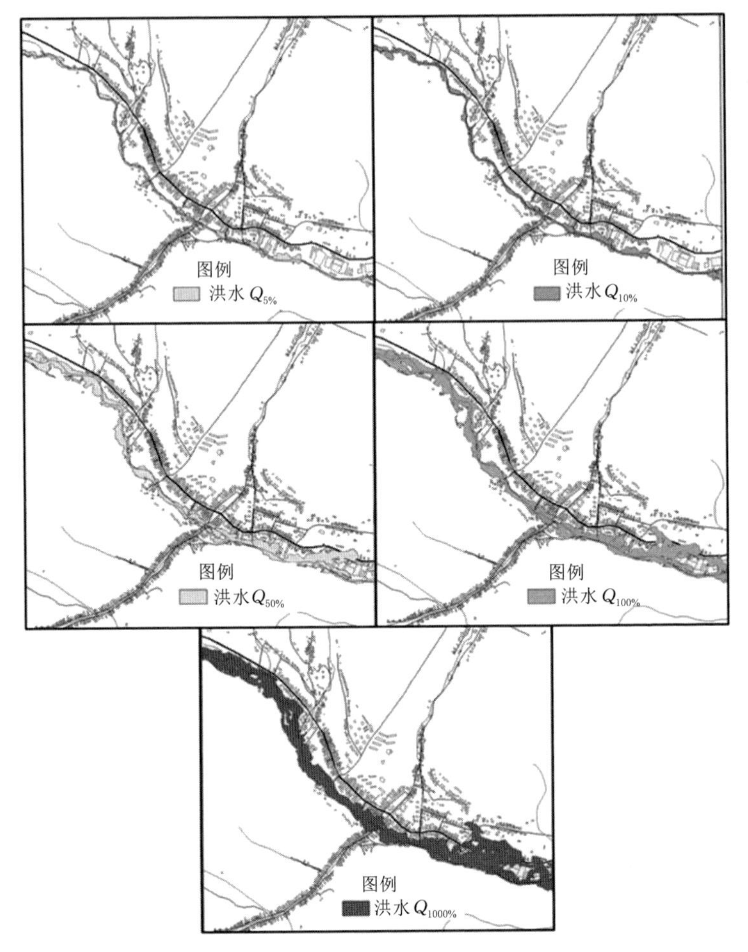

图3.2　梅泽夫研究区域内单个 Q_N 的淹没范围（由 ArcGIS9.3 输出）

3.2.1.2　环境损失

1. 潜在污染源的描述

梅泽夫镇本身的环境状况比较好，但当地工厂仍存在一定污染。该镇远离主要的交通路线。该镇通过与外包公司签订合同，确保城市垃圾的收集和运输，方法是将城市垃圾运输到位于贾索夫村研究区的受控废物填埋场，在该垃圾填埋场的垃圾属于非危

表 3.7　　对各类财产造成的潜在洪水损失（蓝色）

频率		$Q_{5\%}$		$Q_{10\%}$		$Q_{50\%}$	
损失/欧元		最小值	最人值	最小值	最大值	最小值	最大值
建筑物		109753	166609	136097	209279	757690	1178342
基础设施	道路	523	1044	546	1088	3328	6638
	铁路	0	0	0	0	0	0
	基础设施网络	186	220	193	229	1139	1351
	桥梁	0	0	0	0	0	0
农业		425	1702	583	2334	1406	5625
洪水损失总额		110888	169575	137419	212930	763564	1191956

频率		$Q_{100\%}$		$Q_{1000\%}$	
损坏/欧元		最小值	最大值	最小值	最大值
建筑物		838069	1304582	1121201	1754652
基础设施	道路	6709	13381	14250	28422
	铁路	0	0	0	0
	基础设施网络	2291	2717	4900	5812
	桥梁	0	0	0	0
农业		1766	7062	2400	9600
洪水损失总额		848835	1327742	1142752	1798486

表 3.8　　经 济 损 失 范 围

流量 Q_N 损失		单位	$Q_{5\%}$	$Q_{10\%}$	$Q_{50\%}$	$Q_{100\%}$	$Q_{1000\%}$
建筑物		个	33	39	88	106	160
基础设施	道路	m^2	287.75	300.00	1826.00	3686.75	7830.00
	铁路	m	0	0	0	0	0
	基础设施网络	m	38.5	40.00	235.00	473.50	1012.50
	桥梁	座	0	0	0	0	0
农业		hm^2	1.67	2.29	5.52	6.93	9.42

险废物。在梅泽夫镇的科瓦茨克街上注册的垃圾场用于倾倒垃圾（Envi，2013）而且不属于罗姆人聚居区。如上所述，梅泽夫东部有一座污水处理厂（WWTP）（见图 3.3），该污水处理厂的基本数据见表 3.9。

图 3.3　WWTP 本地化和细节

表 3.9　世界气象规划署关于梅泽夫的数据（2009 年海洋部 SR）

位置代码	操作员名称	名字	用户名	河
A0020DVA	东斯洛伐克自来水公司	梅泽夫	17130	博德瓦
河流长度/km	在河边的位置	流出口	水型	水体
32	左岸	污水处理厂的流出	K2S	SKA0002

梅泽夫有三种环境负荷，分别列在登记册 A（可能的环境负荷）、登记册 B（环境负荷）和登记册 C（已消毒，回收的地区）中。这些环境负荷的基础数据来自网站登记的环境负荷，如图

3.4 所示。未经授权，不得发布 A 部分——环境负荷登记册中包含的环境负荷数据。根据经修订的第 569/2007 号法律（地质法）第 20 条和第（2）款，无法获得有关潜在环境负荷的信息，因此下一节仅涉及 B 部分和 C 部分中包含的环境负荷数据。

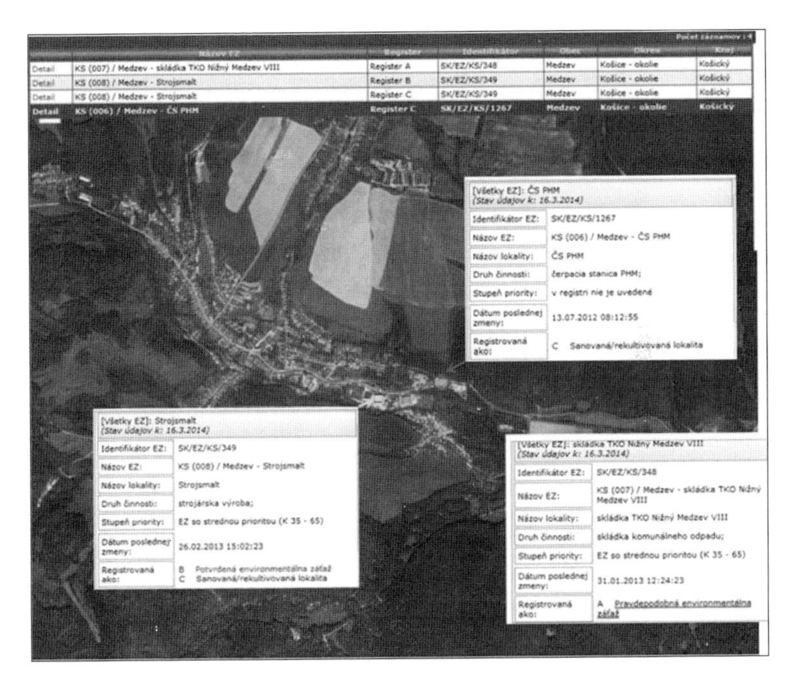

图 3.4 梅泽夫环境负荷数据及其确切位置

斯特罗斯马尔特（Strojsmalt）金属加工厂的环境负荷（见图 3.5）记录在 B 和 C 登记册中，污染点包括重油储存区和临时燃料储存区，土壤、地表和地下水污染通过石油传播。

另一个环境负荷是加油站（见图 3.6），它被归类为 C 类。基岩环境和地下水的污染是由不同浓度的柴油和汽油长期从地下储罐和操作空间表面反复释放造成的。

在科瓦茨卡（Kovacska）小镇郊区的斯特罗斯马尔特工厂旁边，有一家罗森伯格工业公司（见图 3.7）。该公司主要生产的

图 3.5　斯特罗斯马尔特金属加工厂环境负荷

图 3.6　加油站环境负荷

图 3.7　罗森伯格工业公司厂房的位置和细节

产品包括采用压铸技术制造的铸件、磁路、风机用元件等。

2. 确定洪灾的环境损失

根据表 2.10，总损失的计算方法为给定 Q_N（洪水发生概率）下，洪水区域内呈现的各个污染源的指定点，乘以各自的权重之和。表 3.10 显示了各类污染源结果的点分类。

在每个 Q_N 的洪泛区中，没有废水池或垃圾填埋场，而且污水处理厂和加油站不处于洪泛区。因此，这些潜在的污染源的值为零。

归类为 B 类的环境负荷位于流量 $Q_{50\%}$、$Q_{100\%}$ 和 $Q_{1000\%}$ 的洪泛区（见图 3.8）。在子类别 B 中，每个 Q_N 都为此源分配了一个 0.36 值（见表 3.10）。

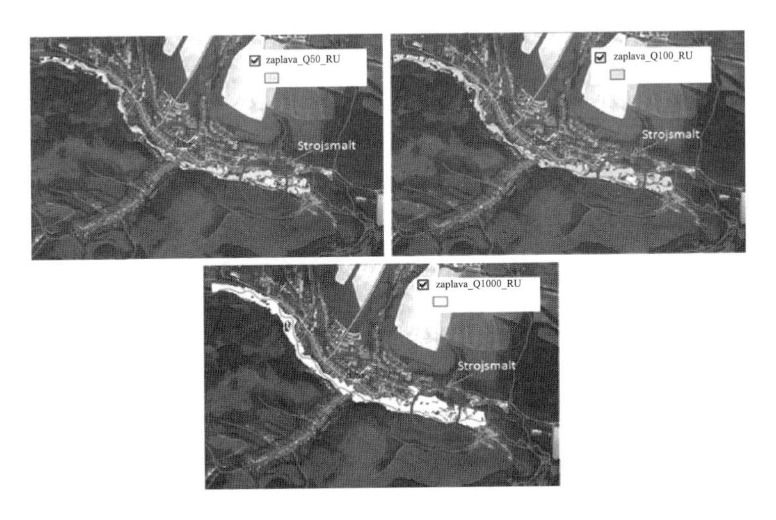

图 3.8 斯特罗斯马尔特公司洪水（环境负担 C）

罗森伯格工业公司的厂房也位于洪泛区，流量为 $Q_{50\%}$、$Q_{100\%}$ 和 $Q_{1000\%}$。根据第 277/2005 号法律，该工厂不包括在任何 A 类或 B 类中，因此在后果评估中属于“未分类”子类。Q_N（即 $Q_{50\%}$、$Q_{100\%}$ 和 $Q_{1000\%}$）在表 3.10 中的这一行中为值 1（未指定）。

表 3.10 计算由此产生的后果或由此产生的对环境的负面影响

符号	污染源	部分污染源类别	危险点分类	权重	$Q_{5\%}$	$Q_{10\%}$	$Q_{50\%}$	$Q_{100\%}$	$Q_{1000\%}$
点污染源									
A1	存在有害物质的工厂	未分类	5	0.2	0	0	1	1	1
		A		0.3	0	0	0	0	0
		B		0.5	0	0	0	0	0
A2	污水处理厂	2000 居民	5	0.14	0	0	0	0	0
		2000～10000 居民		0.21	0	0	0	0	0
		10000～100000 居民		0.29	0	0	0	0	0
		超过 100000 居民		0.38	0	0	0	0	0
A3	加油站	—	3	1	0	0	0	0	0
扩散污染源									
B1	垃圾填埋场	惰性废物	5	0.12	0	0	0	0	0
		无害废弃物		0.29	0	0	0	0	0
		危险废物		0.59	0	0	0	0	0
B2	池塘	—	3	1	0	0	0	0	0
B3	没有排污系统的人口	0～40%	4	0.12	0.48	0.48	0.48	0.48	0.48
		40%～60%		0.29	0	0	0	0	0
		60%～100%		0.59	0	0	0	0	0
B4	农业	0～40%	3	0.12	0.36	0.36	0.36	0.36	0.36
		40%～60%		0.29	0	0	0	0	0
		60%～100%		0.59	0	0	0	0	0
B5	环境负担	可能的	3	0.29	0	0	0	0	0
		确定的		0.59	0	0	0	0	0
		消毒/回收场地		0.12	0	0	0.36	0.36	0.36
∑结果（D_i）					0.84	0.84	2.2	2.2	2.2

由于梅杰夫镇建造了下水道系统，因此假定没有连接到下水道系统的人口百分比为0～40%，则每个 Q_N 的值为0.48（见表3.10）。

在无流量的情况下，被淹没的农业用地占总淹没面积的百分比不超过40%，因此每个 Q_N 的面源污染的值为0.36（见表3.10）。

指定点的总和以及结果总值的计算见表3.10。

根据表2.11，将计算结果归入“边际影响”类别的所有 Q_N：个别污染源的淹没只会造成最小的环境破坏，或不造成环境破坏。

3.2.1.3 人员伤亡

根据2011年的人口和住房普查，梅泽夫有4261名常住居民，其中23.8%未达到生产年龄，60.0%处于生育年龄，16.2%超过生育年龄（Envio，2013）。

第2.1.3节论述了估计人员伤亡的方法，该节提出了计算因洪水而造成的人员伤亡的一般关系。计算包括洪水期间受灾人数以及在上一步中针对具有 $Q_{5\%}$、$Q_{10\%}$、$Q_{50\%}$、$Q_{100\%}$ 和 $Q_{1000\%}$ 重现期的单个洪水情景计算的经济损失数据。

根据表2.17和式（2.23）确定的洪水面积和人口密度，确定每个 Q_N 的受灾人口数量。根据表2.17以及人口数量，梅泽夫镇属于2000～5000人口的区域，即人口密度为20人/hm^2。根据地图数据计算每个洪水情景的受洪面积。受灾居民的总数见表3.11。

表3.11　　受灾人口

频率	洪水区面积/hm^2	人口密度/(人/hm^2)	受灾人口总数/人
$Q_{5\%}$	6.83	20	137
$Q_{10\%}$	8.69	20	174
$Q_{50\%}$	19.24	20	385
$Q_{100\%}$	24.78	20	496
$Q_{1000\%}$	35.13	20	703

基于上述对受灾人口和财产总损失（最低限度）的估计，人员伤亡见表 3.12。

表 3.12　　人员伤亡估算

频率	总数受灾人口	经济损失（最小）	人员伤亡
	x_1	x_2	
$Q_{5\%}$	137	0.110888	0.100
$Q_{10\%}$	174	0.137419	0.107
$Q_{50\%}$	385	0.763564	0.138
$Q_{100\%}$	496	0.848835	0.156
$Q_{1000\%}$	703	1.142752	0.189

3.2.2　洪水风险计算

本节主要根据第 2.2 节中规定的程序确定洪水造成的经济和社会风险以及环境风险。该风险针对当前状态，即在实施 FPM 之前和实现 FPM 之后的状态进行评估。提出的防洪率越高，措施实施后洪水的风险率就越低。

经济洪水风险值和资本化风险值见表 3.13。最小损失取自表 3.7。

表 3.13　　总经济风险 ER 和资本化风险 ER 的计算值

频率	风险/(欧元/年)		上限风险/欧元	
	ER 实现前	*ER* 实现后	*ERK* 实现前	*ERK* 实现后
$Q_{5\%}$	72493	58365	4738101	3814712
$Q_{10\%}$	72493	46102	2416432	3013190
$Q_{50\%}$	72493	16508	2416432	1078925
$Q_{100\%}$	72493	8494	2416432	555191
$Q_{1000\%}$	72493	0	2416432	0

洪水造成的总体环境风险计算结果见表 3.14。

表 3.14 总体环境风险率 EnR [一]

潜在 FPM 的保护率	风险	风险
	EnR 实施前	EnR 实施后
$Q_{5\%}$	0.317	0.228
$Q_{10\%}$	0.317	0.156
$Q_{50\%}$	0.317	0.041
$Q_{100\%}$	0.317	0.020
$Q_{1000\%}$	0.317	0

根据计算的受灾人数，或者更确切地说，是洪水造成的人员伤亡（表 3.15），根据关系式（2.35）与所选的规避系数 $k=0$，确定斯洛伐克的总社会风险。由此产生的梅泽夫总社会风险的计算结果见表 3.15。

表 3.15 社会风险 SR 值对比 单位：人/年

频率	实施前风险	实施后风险
$Q_{5\%}$	0.031	0.021
$Q_{10\%}$	0.031	0.012
$Q_{50\%}$	0.031	0.003
$Q_{100\%}$	0.031	0.002
$Q_{1000\%}$	0.031	0

3.2.3 选择有效的防洪措施

在研究区域选择有效的防洪措施之前要考虑两个基本问题：

（1）在给定位置构建防洪措施是否有意义？

（2）防洪措施的保护率是多少？

这些问题的答案可在第 2.3 节中描述的程序中找到，该程序解释了如何从经济效率、环境风险率和可接受的社会风险水平方面评估防洪措施的有效性。根据这些程序，下一节将说明梅泽夫区域防洪措施的有效性。

3.2.3.1　经济效益

评估防洪措施在研究领域的经济效益，就有必要分析成本或收益。鉴于实际提出的防洪措施和实际成本尚不清楚，所以无法评估经济效益。但是至少可以确定实现防洪措施（或收益）的最低成本，其结果为防洪措施实现之前和之后的资本化风险差异。计算出的最终成本见表 3.16。

表 3.16　　实施防洪措施的成本

潜在防洪措施的保护率	限制成本或收益/欧元
$Q_{5\%}$	923389
$Q_{10\%}$	1724911
$Q_{50\%}$	3659177
$Q_{100\%}$	4182910
$Q_{1000\%}$	4738105

图 3.9 显示了梅泽夫镇的洪水破坏已经达到 $Q_{5\%}$。

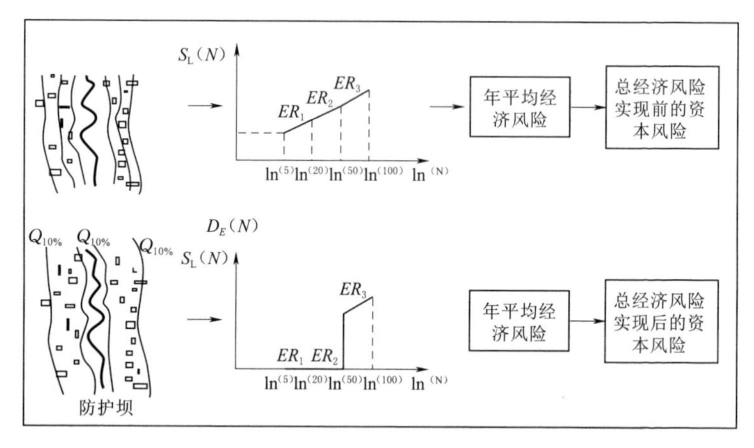

图 3.9　梅泽夫镇损失已经达到 $Q_{5\%}$（Satrapa 等，2006）

例如，防洪措施的技术解决方案包括建造堤坝，这将提高当前防洪率达 $Q_{50\%}$。图 3.9 显示，在 $Q_{50\%}$ 的流量之前，城镇不会产生任何损失，一旦超过拟定的流量，城镇中的损失将几乎和不采取任何防洪措施时相同。然后，防洪措施实现前后的资本化风险差异显示了建议的防洪措施为 $Q_{50\%}$ 带来的好处。

3.2.3.2 环境风险的可接受率

梅泽夫镇的环境风险降低的衡量标准由防洪措施的环保性能体现，使用关系式（2.39）以百分比计算（第 2.3.2 节）。结果见表 3.17。

表 3.17 防洪措施产生的环境风险降低值

潜在洪水的保护率	降低环境风险 $M/\%$
$Q_{5\%}$	28
$Q_{10\%}$	51
$Q_{50\%}$	87
$Q_{100\%}$	94
$Q_{1000\%}$	100

表 3.17 表明，通过建造防洪率为 $Q_{10\%}$ 的防洪措施，洪水造成的环境风险降低了 51%。

3.2.3.3 社会风险可接受等级

按照第 2.3.3 节中的程序和关系式（2.43），梅泽夫镇社会风险接受水平见表 3.18。

表 3.18 社会风险与可接受社会风险的比较

频率	实施之前 SR	实施后 SR	$SR < SR_{accept.} = 0.0397$
$Q_{5\%}$	0.031	0.021	可以接受
$Q_{10\%}$	0.031	0.012	可以接受
$Q_{50\%}$	0.031	0.003	可以接受
$Q_{100\%}$	0.031	0.002	可以接受
$Q_{1000\%}$	0.031	0.00	可以接受

将梅泽夫镇年度社会风险的计算值，即现状（见表 3.18）与可接受的社会风险值（0.0397 人/年）进行比较之后，可以说明社会风险的价值低于可接受的限度。有必要实施防洪措施，以

降低社会风险。

3.2.3.4　本节小结

鉴于这些结果，可以认为，在梅泽夫镇建立一个防洪措施非常重要，尤其是在保护财产和环境方面。关于第二个问题，防护措施的保护率应达到多高，经济因素是决定性因素，因为没有必要降低社会风险，而环境风险在 Q_5 中已经降低。由于实际拟定的防洪措施和实际成本尚不清楚，因此无法评估该效率。为了提高效率，有必要获得拟定的防洪预案的材料，然后评估所考虑的每个防洪措施选项的经济效益。得出结论后，在解决方案站点选择防洪措施的最终解决方案时加以应用。

根据研究区的情况，我们建议在梅泽夫镇采取以下预防性防洪措施：

（1）清除河床中的沉积物和水道岸边的植物，以确保河道畅通。

（2）调整水道未经处理的部分，例如，加固河床的斜坡。

（3）在城镇上方建造一个蓄水结构，以减少水位升高时的最大流量。

参考文献

Decree of the Ministry of the Environment of the Slovak Republic No. 211/2005 Coll. establishing a list of watercourses of major importance for water management and watercourses. (in Slovak).

Zeleňáková M, Gaňová L, Purcz P, Hronský M, Satrapa L, Blišťan P, Diaconu DC (2017) Mitigation of the adverse consequences of floods for human life, infrastructure, and the environment. Nat Hazards Rev 18 (4): 17002－17002.

Zeleňáková M, Gaňová L, Purcz P, Hronský M, Satrapa L (2018) Determination of the potential economic flood damages in Medzev, Slovakia. J Flood Risk Manag 11 (2): 1－10.

UNIKA, INSTITUTE OF BUILDING ECONOMY (2012) Proceedings of average budget price indicators per unit of measurement. Buildings and civil engineering works according to theclassification of buildings. Bratislava (in Slovak).

ENVI, s. r. o. (2013) Land use plan of Medzev. Surveys and analyzes (in Slovak).

Bandura P, Gallay M (2013) Digital morphotectonic analysis of the Bodva basin (in Slovak). In: 16. year of students' conference GISáček.

MoE SR (2011) Map of potentially significant flood risk.

Satrapa L, Fošumpaur P, Horský M (2006) Flood control measures on the Elbe - risk analysis in the localities of Děčín (left bank) and Děčín (right bank) (in Czech) . Praha, p 38.

MoE SR (2009) Bodva river basin management plan.

第4章 总　　结

洪水事件在自然灾害领域处于特殊地位，在过去几十年中，洪水事件的发生频率一直在增加，造成的后果占经济损失的31%。出于这些原因，防洪措施正越来越国际化，实施全系统综合措施的要求也越来越高。洪水风险评估和管理的指令2007/60/EC中反映了从洪水保护到综合洪水管理的过渡。该指令加强了各国洪水风险评估和管理方法的融合，也带来了欧盟成员国洪水风险评估和洪水风险管理领域的并行发展。

在提出方法本身之前，本书的第一部分回顾了有关洪水风险、风险分析以及斯洛伐克洪水风险管理法律法规的现有文件。在最后一部分，提出了一个系统的程序，并将其应用于典型区。该部分对梅泽夫镇进行了潜在洪水损失的评估，并随后确定了洪水风险率，根据斯洛伐克初步洪水风险评估框架，该镇被评估为存在潜在重大洪水风险的地区。鉴于取得的结果，得出的结论认为，在城镇地区采取防洪措施（FPM）非常重要，特别是在保护财产和环境方面。由于不需要降低社会风险，而且环境风险水平已经降低在 $Q_{5\%}$，经济效率是选择有效防洪措施的决定性因素。在进行研究时，实际采取的防洪措施尚不清楚，因此不知道防洪区域的实际成本，从而无法评估防洪措施的有效性。因此，仅提出了可以在梅泽夫镇实施的各种预期防洪措施。为了确定经济效益，有必要获得拟议防洪方案的成本数据，并随后评估防洪措施的单个评估变量的经济效益。

本书讨论了当前的洪水问题、措施实施以及指令2007/60/EC的后续更新，本书提出的问题将有助于实现和更新指令的目标。本书的重点是：

（1）概述了洪水风险评估和管理领域科学知识的现状。

（2）分析和概述了洪水风险管理过程中适用的风险分析方法和工具。

（3）概述了斯洛伐克的洪水风险管理立法，及其对指令2007/60/EC要求的实施情况。

（4）提出在斯洛伐克现有条件下，确定洪水对财产、环境和人类生命造成潜在损失的评估方法。

（5）洪灾损失、洪水风险程度量化及选择有效防洪措施的流程与方法。

（6）通过地理信息系统（特别是ArcGIS）实施拟定程序。

（7）介绍可能的防洪措施。

对于现有的方法和程序，仍可改进的方向包括：

（1）扩展和优化某些评估资产类别（如建筑物）的洪水损失计算。

（2）通过处理数据库来扩展洪水事件记录，并验证用于计算人员伤亡的模型。

更详细地阐明有关评估洪水对环境及其各个组成部分的负面影响的方法。

目前的工作涉及当前的洪水主题，该主题不仅源于洪水的发生，还源于上述指令2007/60/EC的实施。本书的主要目的是为洪水风险管理提出一个系统的程序，并尝试将该程序应用于实践。对于专业人士来说，了解洪水对财产、环境和人类生命的潜在损害尤其重要，特别是在决定是否构建防洪措施以及防洪措施是否会产生有利影响时。

参考文献

Directive 2007/60/EC of the European Parliamentand of the Council of 23 October 2007 on the assessment and management of flood risks (inSlovak).